住宅设计解剖书2

THE PRINCIPLE OF PLANNING

〔日〕饭冢丰 著 董方 译

南海出版公司

新经典文化股份有限公司
www.readinglife.com
出　品

目　录

STEP 4 奏响高度的旋律

实例

有关格局的标准答案

本书设计图中的符号意义如下：

E	玄关（Entrance）
L	起居室（Living）
D	餐厅（Dining）
R	冰箱（Refrigerator）
W	洗衣机（Washing machine）
DR	盥洗更衣室（Dressing room）
BTH	浴室（Bathroom）
WC	卫生间（Water closet）
MBR	主卧（Master bedroom）
BR	卧室（Bedroom）
CL	橱柜（Closet）

序　言

你是否想过，自己居住的房子为什么是现在这样的格局？

如果自己盖房子，与设计师一次次沟通、协调，看着房子从无到有，可能会了解一二。而居住在公寓或社区里的人，很少能说清楚这个问题。

想想也是，对于设计师而言，户型设计、布局，不仅要满足委托人的要求，还必须兼顾相关法律、建筑结构、设备配备、隔热效果、建材选择、设计风格、成本控制及工期长短等各方面因素，是一项专业性很强又带有个人风格的工作。只有经过长时间的运筹帷幄，才能将一个个细节组合成一个整体。

于是，一些头脑灵活的设计师就想，有没有快速有效地划分房子格局的公式？其中之一便是“○ LDK”[①]这种固定区分模式。○ LDK 几乎成了公寓和社区的代名词。只需将房间数代入○，整个房子的格局马上具体、形象地浮现在眼前。但○ LDK 有一个致命的缺点，这毕竟是一个笼统的格局划分，只适用于大众，无法满足个性化需求，无法设计出更有吸引力的格局。

大家是否记得，数学老师曾说过：“答题时如果只写最后的答案，就算答对也要扣分。”因为最重要的不是答案，而是解题的过程，也就

① LDK 中，L 代表 Living Room（起居室），D 代表 Dining Room（餐厅），K 即 Kitchen（厨房）。

是答案是怎么得来的。同样的道理，决定房间格局的要素也存在于设计的过程中。如果不是“度身定做”，如果没有“私人定制”，什么空间魅力，什么对未来的期待，都是无稽之谈。如何化解先天不足，如何将劣势变为优势，用独一无二的方法解决，正是住宅设计的魅力所在。

正确的“格局方程式”

什么才是“有魅力的格局”？对此没有唯一正确的答案，每个人都有属于自己的答案。但在打造“有魅力”格局的过程中，有很多必须遵循的基本原则和做法，以及最佳操作顺序。

在建筑设计领域中，有很多被称为铁则或准则的方法，它们经受了岁月的考验。正是这些方法、经验帮助我们解决设计过程中遇到的问题，经验丰富的设计师们会灵活运用这些“方程式”，每天与手中的案例搏斗，直到最后攻克。本书就由这些在住宅设计、格局设计中不可或缺的方程式构成。

照着本书中的内容不一定能设计出完美的家，因为这些毕竟不是万能“公式”。但至少可以避免千篇一律的家、千篇一律的格局。如果你刚好是一位迷失在住宅设计中的菜鸟设计师，也不妨重新审视一下这些被称为铁则、准则的方程式。

此外，书中还列举了一些强烈表现出我个人偏好的公式，都是我平时爱用的原创公式，与○ LDK 这种固定格局的公式完全不同，可能更强调个性，但希望大家可以参考，并希望成为未来设计的主流。

只要知道“解法”，就能看出格局的好坏

恐怕没有谁一辈子都没考虑过格局的问题。

就算做一辈子“租房族”，也会有过“到底 A 房子格局好，还是 B

房子格局好”的疑问吧？这时候，经常会被“哪一个房间多？”这样的表面问题迷惑，忽视了住宅的本质。相比之下，我们是不是更应该考虑“设计师为什么这样设计格局”？要试着站在与设计师相同的高度来看待格局。

看着眼前的格局图，试想设计师的构思过程，也许就会发现一些乍看起来舒适，其实不然的地方。相反，你也可能会发现一些看似普通，却能让生活愉悦、安心的设计隐藏其中。知道一些问题的“解法”后，看待格局的视角就会有本质上的变化。

本书是写给正在学习建筑的人，以及立志今后从事木造住宅设计的年轻设计师们的住宅设计理论。普通读者，准备装修房子的人也可以参考。如果看完这本书，开始思考“为什么我的家是这种格局”，也是一件有趣的事。只要知道了解决问题的方法，就能用你独特的视点，更深入地洞察所看到的一切。

STEP 1

从长方形开始

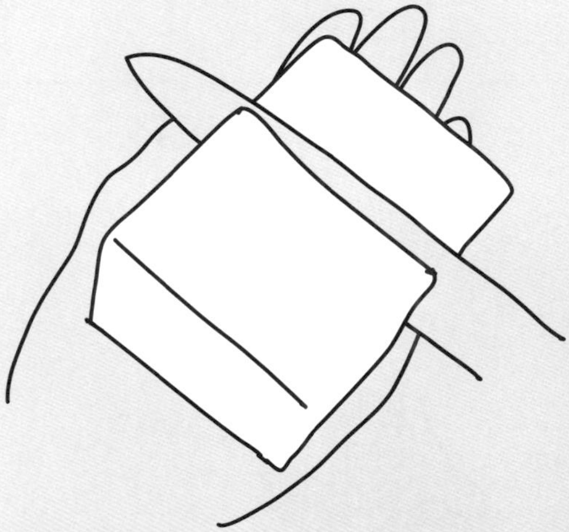

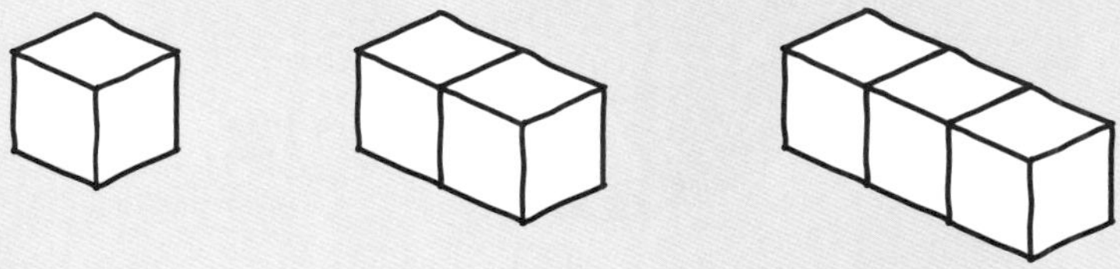

好的格局，
源于好的建筑形态，
好的建筑形态，
必定来自于长方形。
就像雕刻家从一根木头
刻出一尊佛像。
将普通的长方形
打造成一栋好建筑，
是通往“好格局”的捷径。
长方形→建筑→格局，
在格局设计中，
“不直接从格局开始”，
就是专业与业余的差别。

用　地

生吃不行，就煮熟

市面上有很多号称“最完美格局”的书，有多少本这样的书，就有多少种完美格局。可是，到底有多少这样完美的格局呢？答案是——无限。然而，格局的好坏其实只和一个问题有关，那就是：是否能处理好用地与建筑物之间的关系。

没错，最关键的就是用地与建筑物的关系。哪怕先天不足，用地不理想也无须太紧张。只要因地制宜、扬长避短，一样可以建出好房子，甚至是优于好地段、好地形的建筑。

我们都知道，无论是海鲜，还是蔬菜，食材不够新鲜时可以改变烹饪方法，丝毫不会影响食物的美味程度。在设计住宅格局之前，我们要先做一件事，那就是找出这块用地的优点。

好的住宅用地和不太好的住宅用地

地形方正，面积大，
地势平坦，周围安静，
视野佳，
绿化率高，通风良好，
采光充足，
道路宽阔，车站附近，
车流量少。

接受“好地≠完美无缺”

周围其他建筑较少，地势平坦，占地面积又大，这样的住宅用地少之又少。别说市中心找不到，就算在比较偏远的地区，这样好的住宅用地也是可遇不可求。因此，万万不可追求完美，只要能满足上述条件中的若干项，就已经是一块相当不错的住宅用地了。

地形不规则，面积小，处于斜坡、断崖，
位于高密度住宅区，有高低差，
采光不好，潮湿，
噪音问题严重，车流量大，
交通不便，距离车站远，
治安差，靠近电缆。

试想“不太好的地＝可以创造缺陷美”

占地面积小，地形不规则，有高低差，还被建筑群包围，不太好的住宅用地通常都有这些问题。乍一看条件尚可，但售价不高的地，总有这样那样的问题（大多会在事后发现）。

不过，完全放弃言之过早，只要适当扬长避短，那些“不满意”和“遗憾”通常都可以弥补。

如果是好地，尽量保持原汁原味

住宅用地本身的特点与建筑物及住宅格局之间存在着一种“正解”。
如果是好地，设计住宅格局时保留它的本来面貌就是正解。如果在难得的好地上，盖上千篇一律、枯燥乏味的建筑物，就白白浪费了住宅用地得天独厚的条件。

面积大＝大平层、分栋

面积不够就不可能盖平层的房子。不用爬楼梯，所有的生活区域都在一层，这种方便与舒适只有住过大平层的人才知道。
如果面积充裕，还可以在主屋附近再盖一栋辅楼。

优良的自然环境＝室内外一体化

如果周围自然环境不错，不妨考虑将美景借来一用。大面积落地窗、缘廊加上漏缝板露台，不失为一个聪明的选择。“古民家”就是将住宅与自然融为一体的格局设计。

视野佳＞朝向（采光）

房子如果盖在高地的斜坡上，因为地势高，某一个朝向的景观一定会比较出众。这时设计格局，比起采光，应该优先考虑视野。因为采光不足可以通过各种手法改善和弥补，而好的景观可遇不可求，无法人为制造。

采光充足＝被动式太阳能

虽然与格局无关，但采光充足的地形适合采用被动式太阳能系统，提供日常取暖与供热。换言之，如果想采用被动式太阳能系统，采光充足是必要条件。

差强人意的用地，尽量弥补先天不足

一般来说，那些让人避而远之的“问题用地”，只要在建筑物形状与格局上下足功夫，一样能在用地与建筑物之间建立良好的关系。

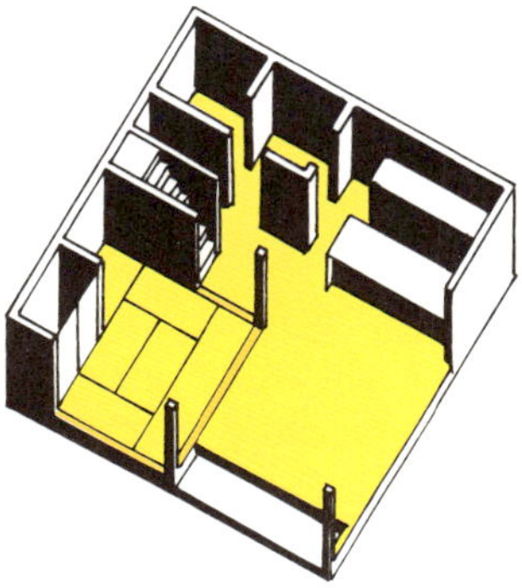

狭窄＝减少隔断

40 坪（1 坪约为 3.3 平方米）以下的用地，尽量不要设计过多隔间，开放式格局通常是最好的选择，这也是日本自古以来惯用的应对办法。

高低差＝深地基、跃层

对于那些有 1 米左右高低差的用地，如果加盖挡土墙代价太大，采用“深地基”可能是最佳解决方案，内部再配合跃层设计，会产生意想不到的效果。

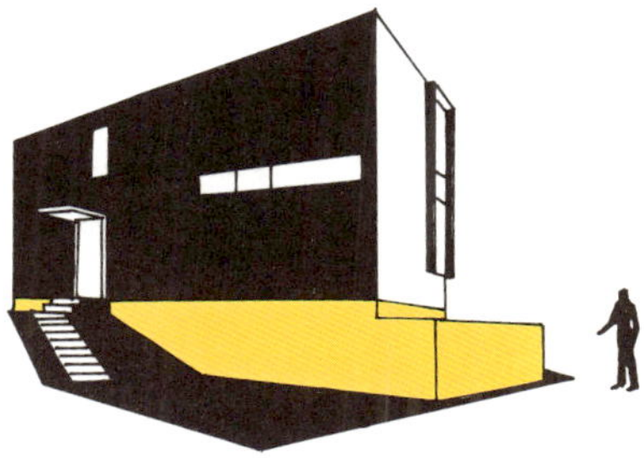

面积小＋采光差＝起居室在 2 层

“面积小，采光差”是沿街用地的通病，很多时候我们会把起居室安排在 2 层，以解决这两个问题。此外，足够的层高会让室内更明亮。

激发设计师灵感的用地

不规则地形＝挖掘原有优势，创造独特性

同样是不规则地形，房产商避而远之，设计事务所却如获至宝。那些先天有缺陷的用地反而能激发设计师的灵感，最能体现设计师创作才能的也正是这些问题用地。化解的方法大致有两种：建筑物配合地形，这是产生不规则建筑物的原因之一；其次，在不规则用地上改建规则的建筑物，用绿化等方法掩盖原有不足，着力于周围的绿化设计。

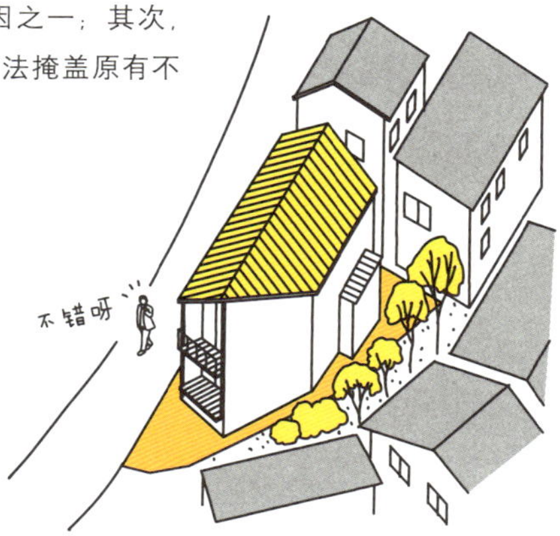

毫无可取之处→唯有借景

遇上毫无可取之处的用地怎么办？只能见缝插针寻找周围或路边的景观，想办法把外面的景色借用到房子里。倘若能利用外来景观，把室内外空间合理连接，还会有视觉扩大化的效果。倘若连借景的地方也找不到，不要灰心，至少抬起头你还拥有一片蓝天，没人可以剥夺你越过邻家屋檐，抬头仰望天空的权利。

自己想办法造景的构思也不错。

无可救药的用地

地基有问题＝高额改建费

地形等各方面条件都不错，但如果地基存在问题，一切皆枉然。为什么？因为房子还没盖就得花钱。虽说改建地基的费用依实际情况而定，但至少要 60 万～ 100 万日元，运气不好时，可能还要花更多的钱。

挡土墙老旧、车库位于半地下＝购买前赶紧说拜拜

“挡土墙老旧，还高于两米”“车库位于半地下”，这样的用地一定要小心。再建挡土墙和车库起码要花几百万日元，一开始开销就很大会对建造与装修造成很大经济负担。

不可重建的用地→只留框架，彻底装修

日本法律规定，住宅用地邻接道路的一面要有 2 米以上的间隔。可是很多老房子都不符合这一条件，于是成了“违规”建筑，法律规定这些建筑不可重建。

不能推平重建，在原有基础上改建也不允许。碰到这种情况，唯一的解决办法就是——只留下框架，内部彻底装修。如果是经验丰富的设计师，可能会设计出比全新建造的房屋更有创意的好作品。

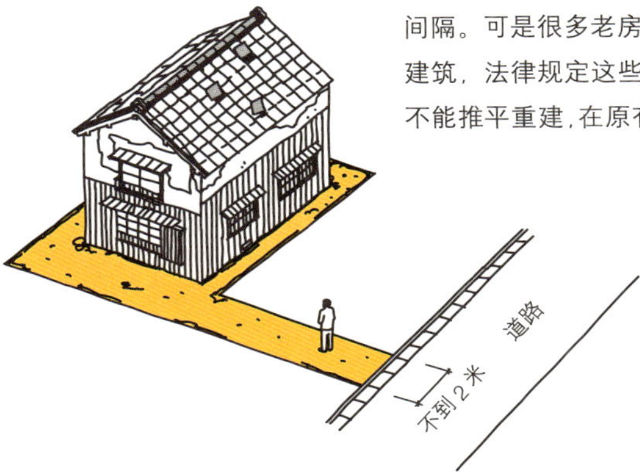

＝ 格局的好坏，从“了解用地”开始。

期　望

咖啡浓淡，全看萃取

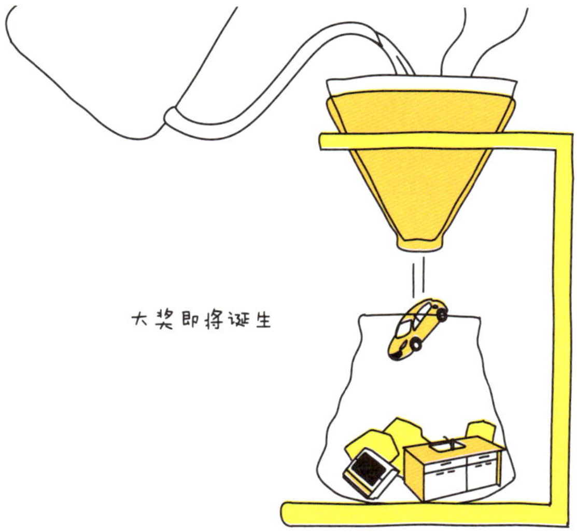

住户的要求与用地的先天条件同样重要。脱离住户的实际需求，再合理、巧妙的格局构思也无法实现。倾听住户的要求以及对未来的展望，是能否顺利设计出理想住宅的第一步。对于设计师而言，这一阶段的重点是“确定住户的要求是否可行”。

建一栋住宅是人生大事，我们非常理解住户可能会有这样那样不切实际的憧憬与希望。可是，如果设计师不能从专业角度出发，鉴别筛选，住户可能根本不知道自己到底要什么，能否实现。

咖啡浓郁或清淡，全看如何萃取，同样的道理，我们也要从住户的众多要求与愿望中去芜存菁，这与最后能否接近理想状态有最直接的关系。

容易忽略的重要问题

停车方位，车型

因为女主人不喜欢侧停车位，不得不重新设计停车位或车库，这样的情况经常发生。车辆回转的最小半径，直接影响停车位置及车位大小。如果将来有要换大车的计划，最好一开始就考虑在内。

屋顶类型

住户对屋顶形状可谓爱憎分明。另外，是否选用太阳能发电系统也与屋顶形状有直接关系，必须提前确认。

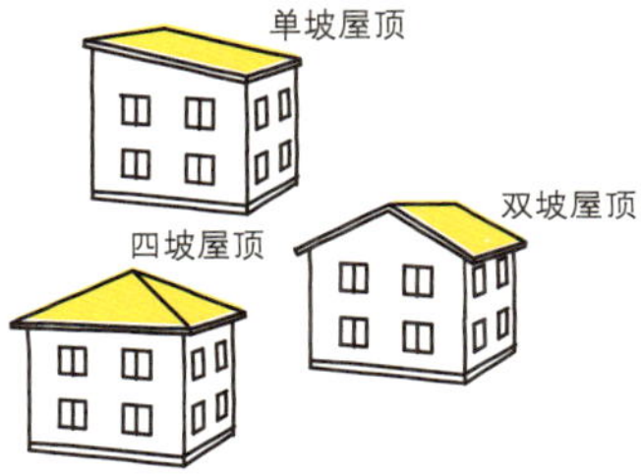

未来居住的人数

虽然现在与父母分开住，但是考虑到将来要照顾老人，可能会住一起。房间数、房间位置……应该如何安排呢？

建筑费用以外的花费

不少人会遗漏新家具、窗帘、家电等的预算，物业费、保险费等也是一笔不小的开支。曾经出现过因为遗漏了一部分预算而导致最后房子不得不盖小的案例。

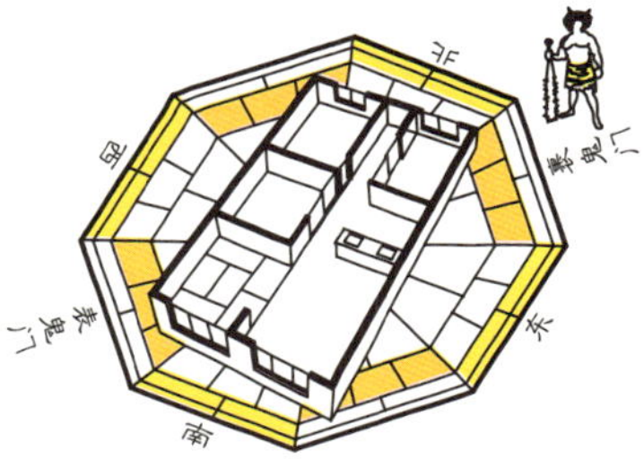

对风水有要求

我们还遇到过一些住户因为对风水的要求，而突然推翻顺利进行中的工程。如果住户很相信风水，一定要事先确认。

将衣服、鞋子的数量转化为“长度”和“体积”

搬入新居的衣服、鞋子还有书籍，与其收到衣柜、鞋柜、书架上，不如统一收纳到专用空间内（例如衣帽间），可以更有效地利用空间。专用空间的大小并不是收纳场所的面积，一定要考虑衣物、鞋子、书籍的具体尺寸才能将空间利用最大化。

普通衣物

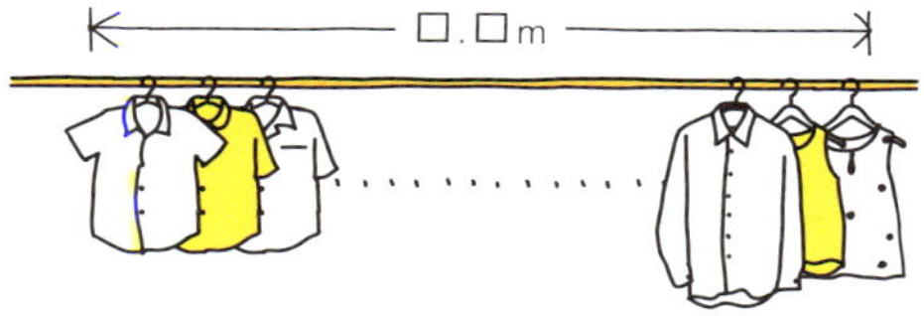

较长衣物

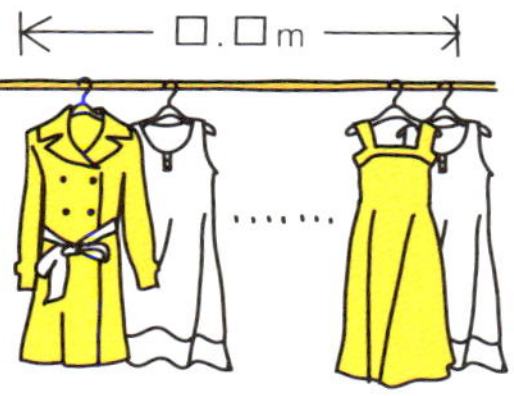

把衣物分成普通衣物、较长衣物和可以装箱的衣物。

大致算出衣物挂在衣架上的长度，以及可以装箱的衣物的体积。鞋类的尺寸可分为普通鞋子和靴子。

可以装箱的衣物

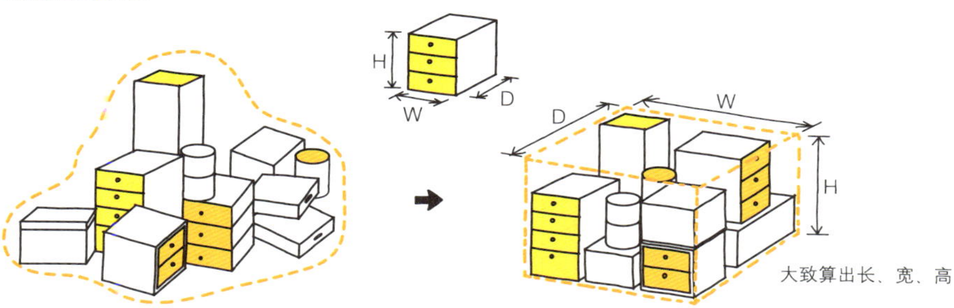

普通鞋子

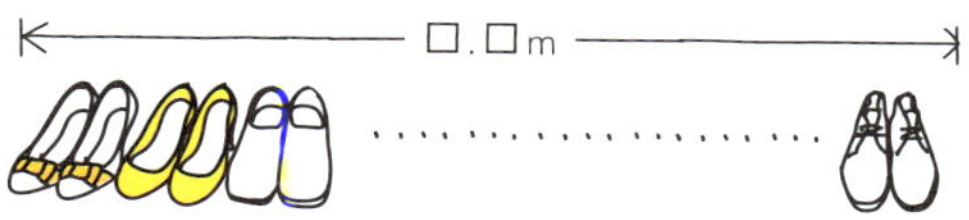

靴类

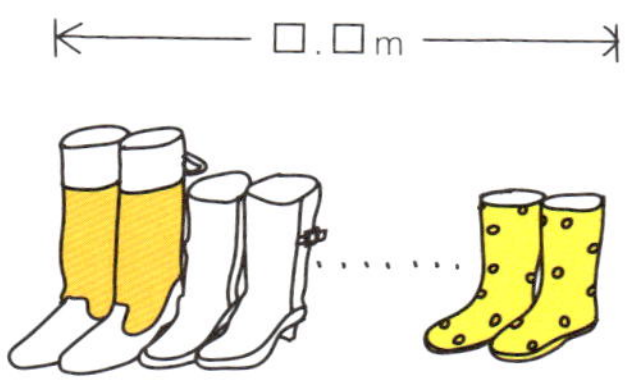

将书籍的量转换为“高度”

书籍、杂志按高度计算，可以分成 4 类。

高度小于 230mm

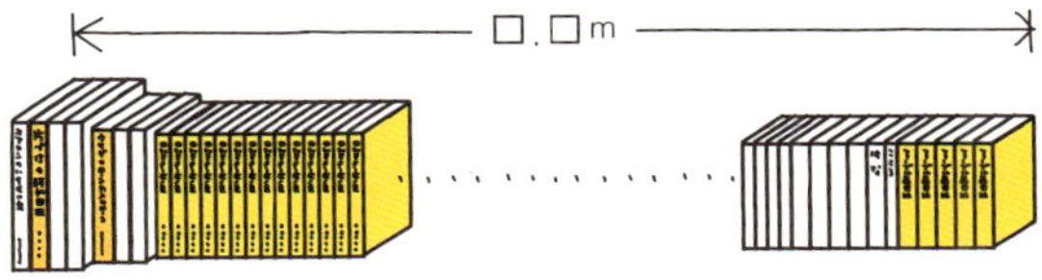

文库本、新书、漫画、四六判（很多小说都是这个开本，尺寸为 188mm×130mm）、A5（148mm×210mm）等。

高度 230mm ～ 315mm

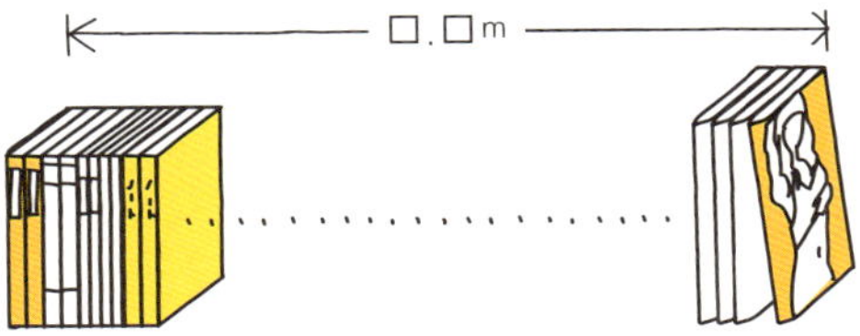

B5 尺寸的笔记本和杂志，A4 尺寸的杂志。

高度 315mm ～ 400mm

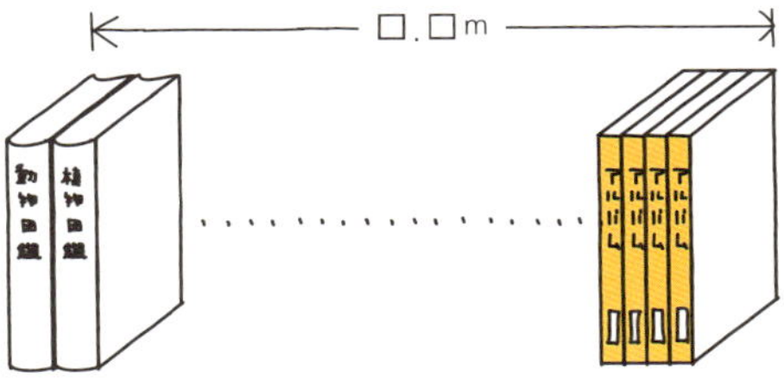

B4 大小的文件夹和相册属于这类。

高于 400mm

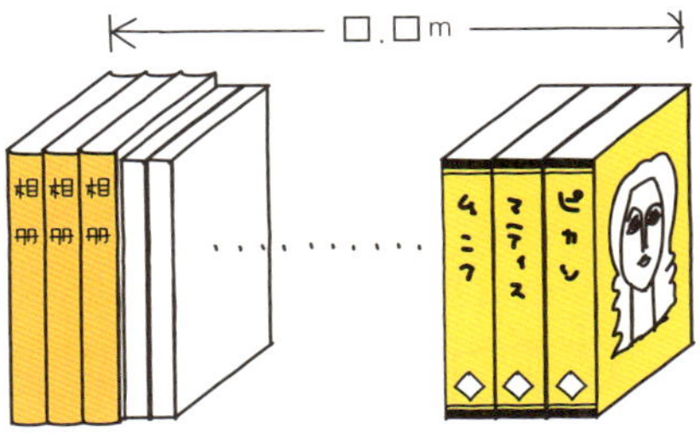

A3 的大开本书籍以及画册，数量不会太多。

定好底限

衣服和书刊只会越来越多，收纳空间要以现况为基准。考虑到今后还会继续增加，可以适当预留出空间，但为了避免东西越积越多，最好定一个底纸，一旦超过马上处理。

以房间为单位，真正的需求便会浮出水面

面对住户的众多要求，只要我们以房间为单位来区分，就能很快把握。每一个家庭成员的需求、新居的大概面貌以及未来的生活方式，也能整合到一起，这也是今后设计方向的重要依据。

①整理房间“内部”

以房间为单位，分为房间内部、房间位置及各房间的连接三部分。首先是“房间内部”，以厨房为例，面积、收纳量、内装材料及使用频率等都会影响整体风格。

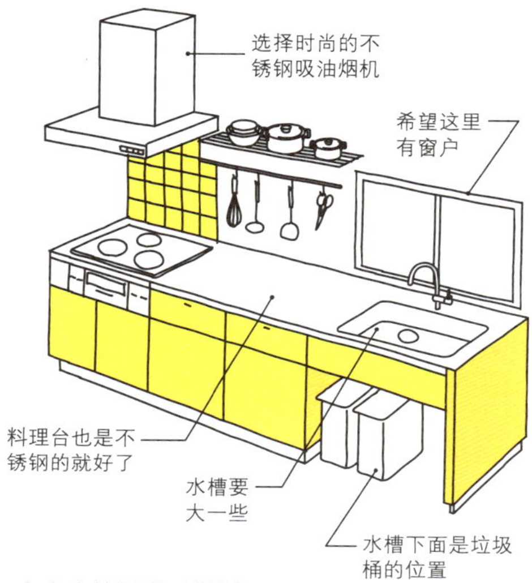

女主人的要求（举例）

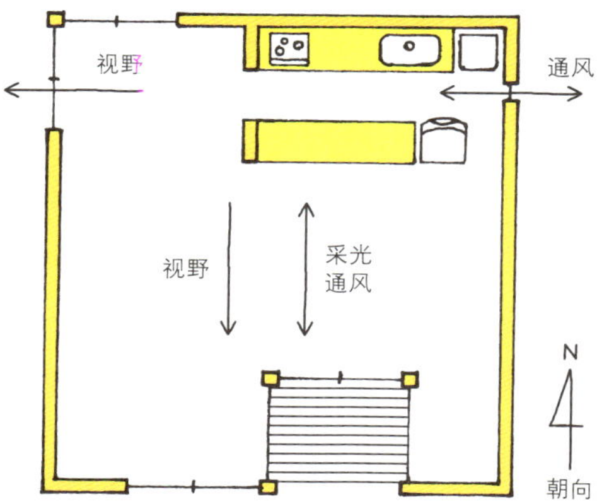

②整理房间“位置”

房间“安排在哪儿”这个问题也很重要。我们要确认采光、视野、通风……每个房间的重点在哪里。管道配备、通路方向直接涉及房间位置的安排。

客户对连接方式的需求仅作参考

在整个住宅格局中，房间与房间的连接是一个非常重要的部分。但原封不动地反映出客户的要求，容易造成“中看不中用”的局面。因此，客户对房间连接方式的要求不妨先听着，不要马上答应。重要的是把握客户最重视的部分。

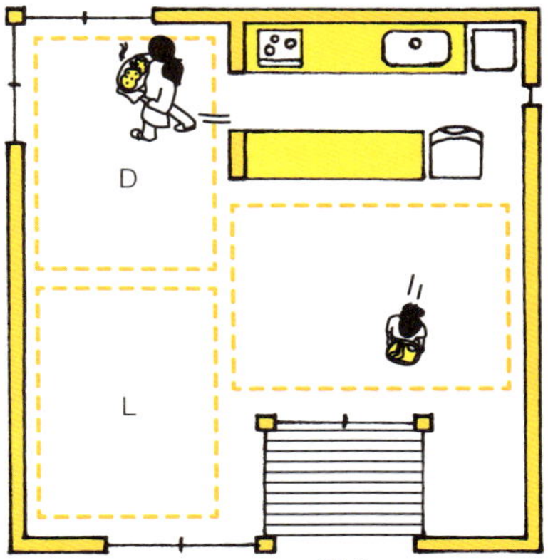

③整理各房间的“连接”

比如，厨房与餐厅、客厅的位置，以及厨房与庭院的距离都不容忽视。

从动线的角度出发，厨房与更衣室（放洗衣机的位置）的关系也很重要。

问清住户对房间连接方式有何要求，把握他们最看重的部分。

剪贴簿透露“真相”

在认真聆听住户需求的过程中，比起具体面积和尺寸，先规划新居的大概面貌可能更有意义。这时候，让住户自己制作剪贴簿，可以最直观地反映出他们的需求，以及对未来新居的展望。在客户亲手粘贴相关照片、图片的过程中，没准可以透露出最真实的需求。

= 过滤、整理住户需求，朝着可行的方向靠近。

资　料

擅长模仿也是一大优点

挖掘住宅用地的潜在优势，理清住户的各种需求，接着就着手设计格局……如果这样想就大错特错了。在此之前，还必须花大量时间去模仿、比较相近的案例，没错，模仿。以占地 30 坪的 2 层建筑为例，先找出一些类似案例，看看别人是如何设计的，好的地方不妨借用，模仿着画出设计草图。

这一步是对之后决定房间数、房间大小，以及把握各房间之间关系的一种练习。同时，过去优秀的案例会在设计师的脑海中留下深刻印象，今后可以随时借用，这对设计工作有百利而无一害。

越是善于模仿的人，其实内心对以前的成功案例越是充满敬意，并从借鉴与模仿中得到历练，久而久之形成自己的个性与风格。

模仿是创意之母

用于模仿学习的相似案例可以大致分成 4 个主题来收集。

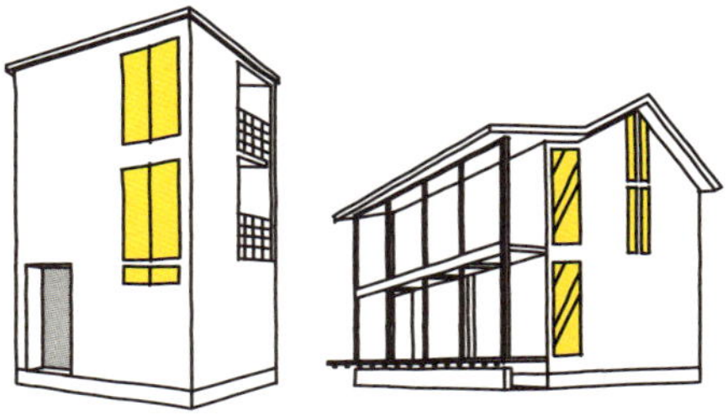

相似的“规模·性质”

使用面积、楼层、土地用途、建筑密度等相似。如果想盖商住两用房，还要寻找相同性质的案例。

相似的“用地”

占地面积、平面形状、有无高低差、朝向，以及与道路的连接方式等相似。

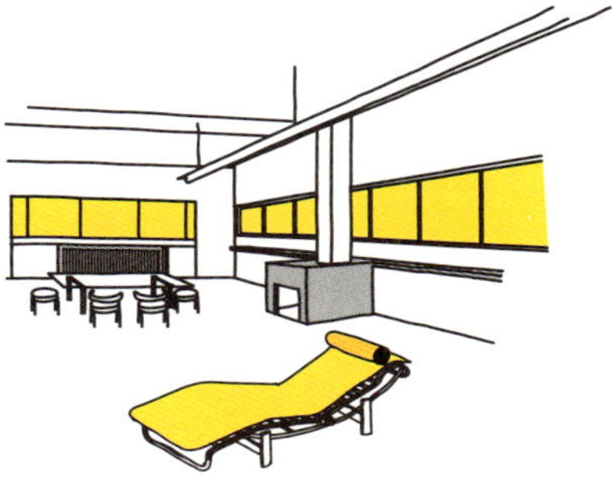

想要模仿的“格局”

如 LDK 之间的位置关系，建筑与庭院的位置关系。收集一些值得借鉴的元素。

想要模仿的“名作”

先想好要模仿〝城市住宅〞还是〝郊外住宅〞。模仿自己喜欢的设计师的作品也 OK。

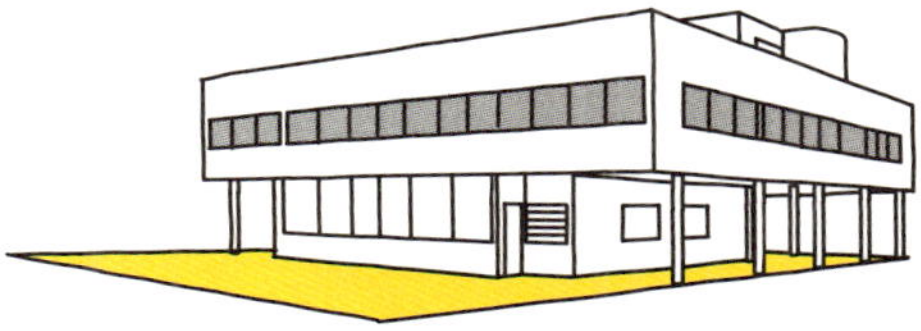

如果是建筑系学生，“资料收集”更是必须

有了想模仿的目标后，必须找到最准确的设计图。很多典型案例从网络上就能找到，但设计图纸未必有。不翻阅相关书籍或资料，很难找到真正有价值的图纸。对于还在学校学习建筑设计的学生来说，收集相关资料也是一门必修课。

把收集到的资料，以 1:100 的比例复印存档，以便今后参考对比。

参考房产商的数据是正确的方法之一

要收集资料，不能遗漏房产商的标准图纸。尽管对房间数量、收纳空间、户型图等有大致了解，但是没有比房产商图纸更准确的数据了。

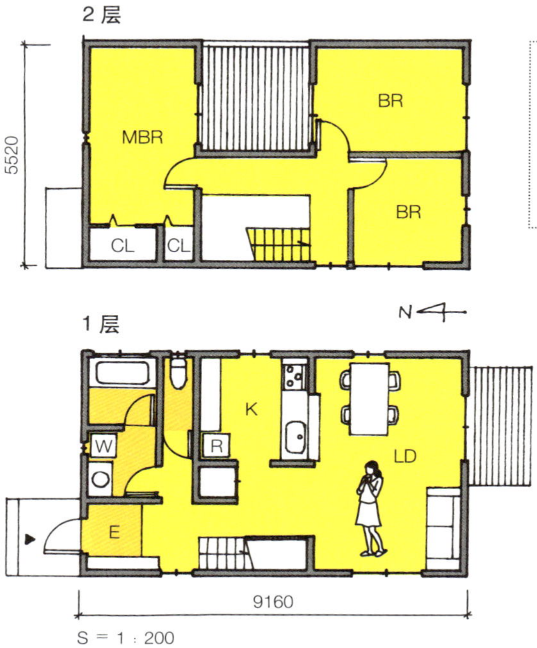

以下为用地基本条件与住户要求：

（土地）神奈川新兴住宅小区，北侧为道路，宽 7 米，占地面积 30 坪。

（要求）建宽 3 间（约 5460mm）× 进深 5 间（约 9100mm）的 2 层建筑。

看了房产商的数据后得知：

首先，宽 3 间 × 进深 5 间的 2 层建筑，可以满足 3LDK 的要求。但停车位不能安排在与道路相接的北面，可能无法满足南侧有大庭院的计划。因为是位于市中心的住宅，1 层采光不佳，在 2 层露台西侧设计窗户，让阳光经过楼梯照到 1 层是不错的设计方案。

先分析对目前住宅的不满

对比相似案例是为了找到参考对象。观察目前居住地的户型图，可以分析出不满的根源。很多时候对新居的要求与期望都源于对旧居的不满。因此，整理旧居平面图对新居的设计与规划有着重要意义。

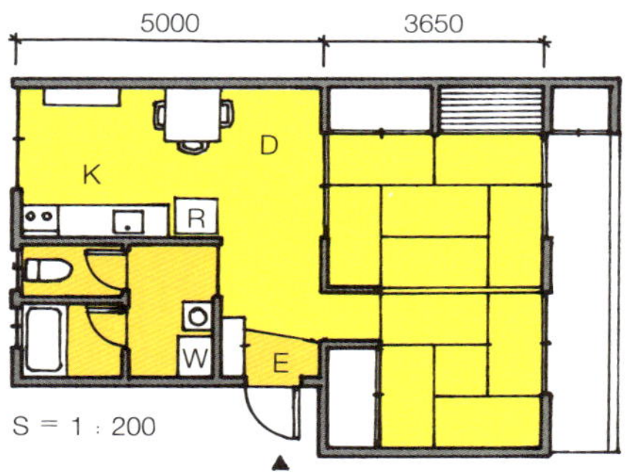

看图纸发牢骚！

目前居住的是一处钢筋混凝土结构的公寓。家庭成员包括夫妇两人和一个 4 岁的孩子。住宅的占地面积为 $49m^2$，从图纸上可以看出收纳空间明显不够，如果将来再多一个孩子，很难再有活动空间。此外，去卫生间必须经过更衣室也不合理。

也可以大胆模仿著名设计师

在建筑史上被奉为经典的案例，无论房间构成还是空间设计都与房产商的样板间截然不同，如果能从经典案例中获得灵感就太好了。国外的作品中如果有可取之处也不错，气候、风土人情相近的国家，其作品更有参考价值。

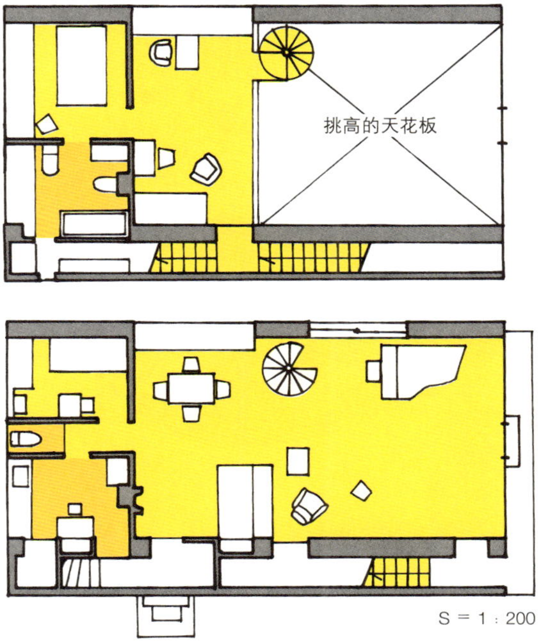

S ＝ 1：200

勒·柯布西耶的“雪铁龙型住宅”

在整理左页住户要求的过程中，我最先想到了“都市简约格局”，以雪铁龙型住宅为代表。宽敞的挑高空间将整个居住空间一体化的手法似乎可以参考。只是，如果等比例复制会显得挑高空间太大了，而且如果是木造结构的建筑，在技术上也较难达到这么高的挑高空间。

＝ 随着经验的积累，自己设计的案例会成为最宝贵的财富。刚开始的时候不妨认真模仿一下名家作品。

规　模

给我一块最大的豆腐

如果你想设计出一个“好格局”，万万不能从“格局”本身着手。我的建议是先从建筑物的形状出发，之后再讨论具体的格局。如果一开始就把格局定死，之后的屋顶、墙壁都会被固有格局限制，这只会导致一个结果，就是整体非常不协调。

“好建筑”与“好格局”兼备的秘诀是：要保证建筑物的外观是一个最简单的长方形。越是像豆腐一样方方正正，设计格局时越不受约束，能大大提高设计自由度。

现在，我先教大家如何做一块简单的豆腐。首先，请切割出“占地范围内最大的一块豆腐”，豆腐最大化的范围就是“建筑物的最大规模”。

左右豆腐尺寸的三大公式

①法律——用乘法求得

要得出建筑物的规模是有特定计算公式的，其中之一便是法律。每一块用地都离不开“容积率”和“建筑密度”，所有的建筑行为都必须遵从法律规定。

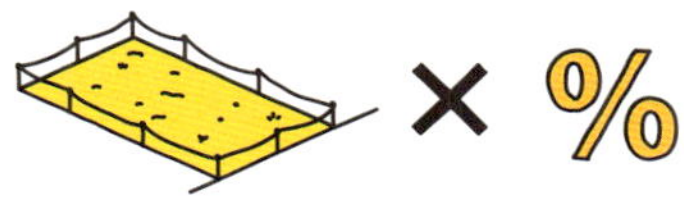

建筑密度

建筑物基底面积与占地面积的比例。例如，占地面积 35 坪，建筑密度为 50% 的情况下，建筑物最大可造基底面积就是 17.5 坪。

占地面积 × 建筑密度＝允许建造的基底面积

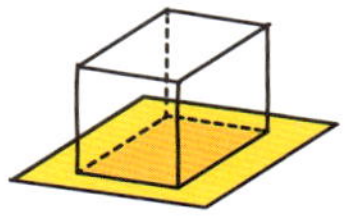

容积率

使用面积（包括所有楼层）与占地面积的比例。例如，占地面积 35 坪，容积率 80% 的情况下，最大使用面积就是 28 坪。

占地面积 × 容积率＝使用面积

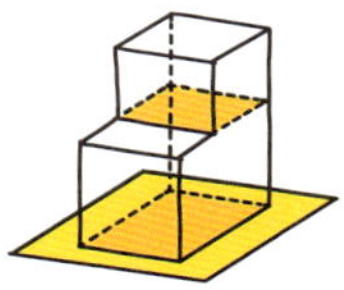

如果想拥有家庭影院等，就需要更大的面积。

②人数——用加法求得

以我自己的经验来看，一户人家至少要有 25 坪的使用面积，这是 4 口之家最基本的居住面积（2 ~ 3 口之家很富余），如果居住人口更多，每增加一人，至少要增加 5 坪。

25 坪 +（人数 ×5 坪）＝基本使用面积

③预算——用除法求得

设计事务所和装修公司都会设定一个“每坪单价”。走高端路线的公司每坪单价 100 万日元左右，比较平民化的公司 50 万日元左右。预估造价除以“每坪单价”很容易就知道能盖出什么规模的房子。

造价 / 每坪单价＝能够建造的住宅面积

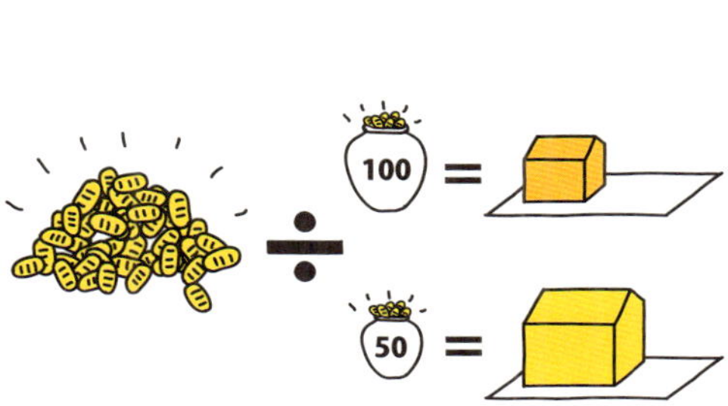

每家事务所或装修公司的单价不同，安装空调等设备的费用要另外计算，这些费用加起来相当于造价的 3 成左右。所以，计算成本时一定要谨慎。

从基础豆腐开始！

已经知道房子最大能盖多大，接下来就要在这块最大的豆腐上下手了。不过，现在就着手划分格局还为时过早，让我们从练习切豆腐开始吧。

①画出简单长方形

允许建造的最大使用面积在 25 ～ 40 坪（基本都在这个范围），我们先从画长方形开始。“长方形户型”的短边通常在 3 间以上，长边在 4.5 间以上。这样隔出 2 ～ 3 个房间没问题。当然，根据用地的地形，也可以选择正方形户型。

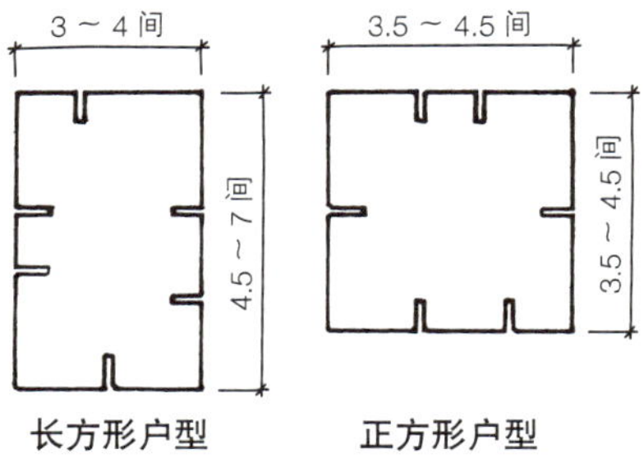

②总高度暂定为 7500mm

画完最简单的长方形后，接下来就是设定高度。1、2 层的高度均为 2700mm，加上阁楼与地台，共 7500mm。大致这样来分配高度。

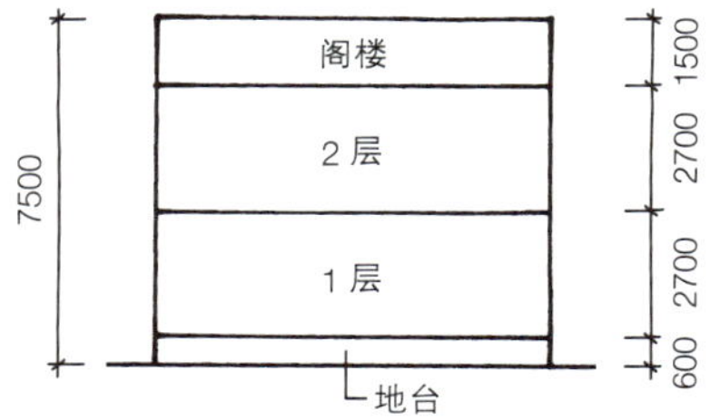

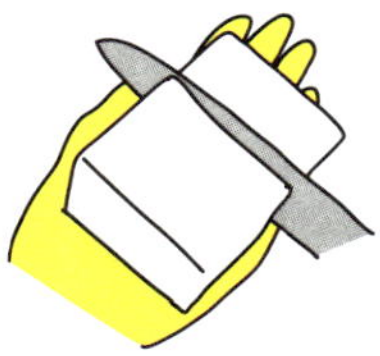

“豆腐”的长宽比例最大为 2:1

有了平面与立面的尺寸，一块立体的豆腐就初具规模了。豆腐的长宽比例尽量设定在 1:1 ～ 2:1。过于细长会增加造价，甚至影响房子格局。

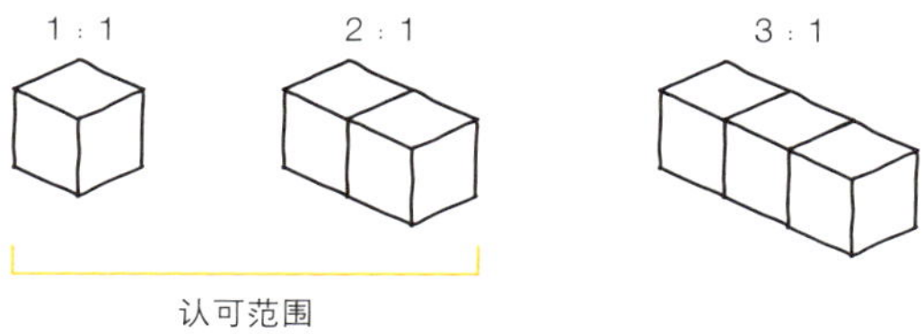

形成“褶皱”的原因

走在住宅区，“屋顶异常复杂的住宅”必然会吸引你的眼球。俯视的话，就像一团纸一样充满褶皱。为什么会出现这种情况呢？因为设计时先确定了房间格局而不顾外观。以房间为单位设计，满足每一个房间的需求后，整栋建筑的外形就变得很复杂，出现那么多小屋顶也是必然结果。

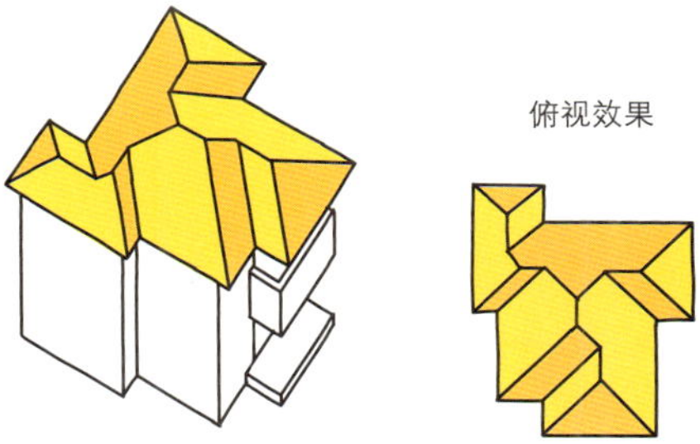

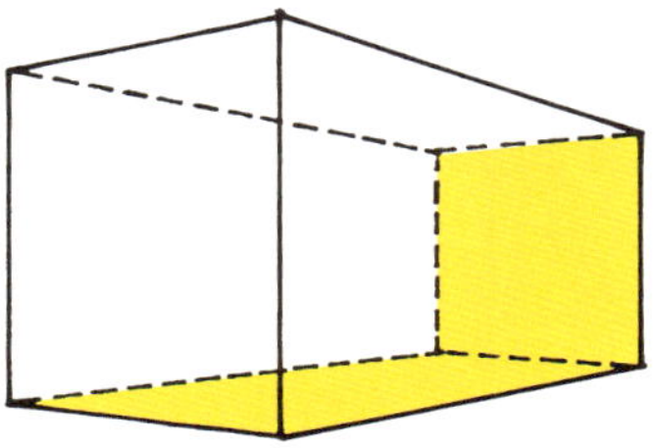

所以，还是要从豆腐开始

整个建筑的外观越复杂，造价就越高，屋顶褶皱越多越容易漏雨。当然，格局设计也会变得更难，最最重要的是无法决定整个房子的设计风格。所以，设计住宅最好老老实实从四边形的豆腐开始。

“长方形 +2 层楼 + 缓缓的单坡顶”

平面形状为长方形，共 2 层楼（1、2 层的使用面积相同），角度平缓的单坡顶。先撇开个人喜好，单从设计角度出发，这一定是最简单的建筑外形。由于种种原因，简单外形可能无法实现，但设计之初请一定要从这种外观的建筑着手。“越简单的形状，越能赋予你自由发挥的空间”，这是实实在在的经验之谈，任何一个有经验的设计师都会认同。

＝ 一切源于豆腐！

屋　顶

放弃“法定设计”

走在路上，偶尔抬起头，或许会觉得不可思议，几乎所有大楼、公寓的墙面都以同一角度倾斜。这也算设计？当然不是，这一奇妙的景观仅仅是因为受到了法律的严格限制。

建筑物顶部的倾斜角度是建筑法中“斜线限制”的产物，是为了保证周围建筑的采光与通风必须遵守的铁则。当然，普通住宅也受“斜线限制”的制约。特别是屋顶的外观（角度）必须严格遵守。话虽如此，千万不要死抠法律，与法定角度丝毫不差的屋顶无法称之为“设计”，实在是太丑了。希望大家放弃死板的“法定设计”。

切豆腐满足斜线限制

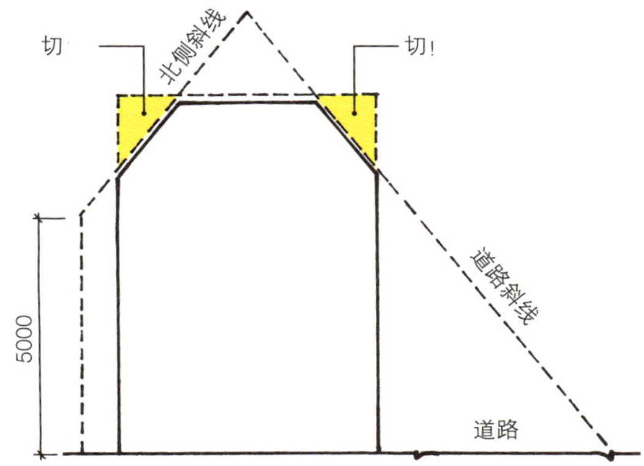

手起刀落，两刀定局

普通住宅顶部有两条斜线，一条称为“道路斜线”，另一条是“北侧斜线”。法律规定斜线上方不得有任何建筑物。我们用切豆腐的方法马上可以切出两个斜面看个明白（斜线限制还有各类缓和规定）。

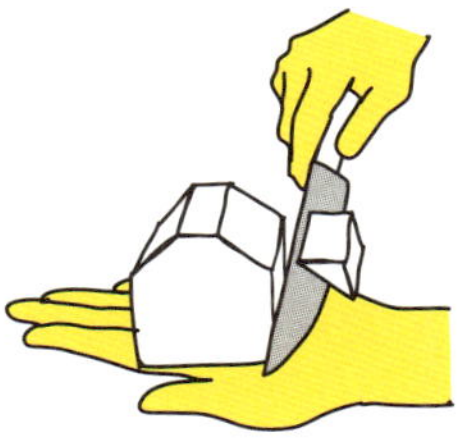

如果是“限制高度的地区”，被切掉的部分会更多

特别是在市区内，很多用地必须遵守比斜线限制更严格的法规制度（高度限制）。这意味着有更多的豆腐会被切掉，甚至3层也盖不成。即便勉强达成，也无法直立生活。

城市中的狭小用地如果刚好划在“第一种高度”的区域，比较难盖成3层楼住宅，属于“第二种高度”的地区，勉强可以。

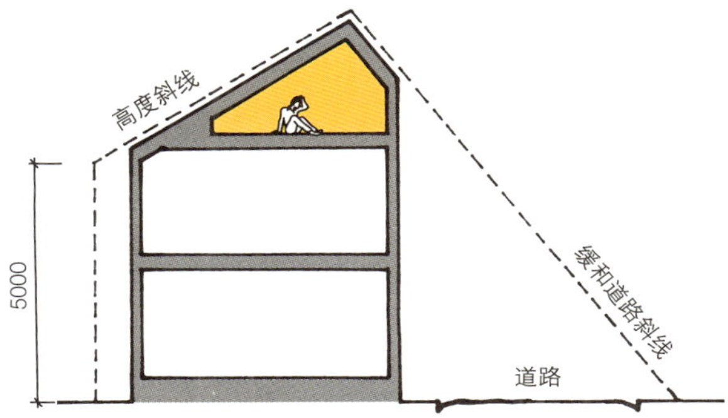

造型，从“头”开始

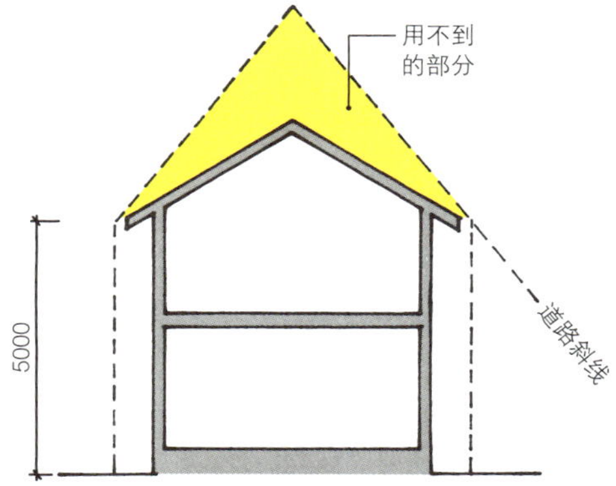

切完豆腐，就要从“头”开始打造了。去掉不需要的部分，整体比例与屋顶形状会逐渐呈现，如同我们去理发店剪头发一样。

太贪心反而不自然

确定屋顶形状的时候，千万不能太贪心。虽然可以按照满足斜线限制的最大范围设计屋顶，但要想整体都刚刚好，又不愿意舍弃一点面积，建筑物的比例可能会失调，影响美观，得不偿失。

只要结构稳定，不对称也 OK

一般来说，屋顶形状需要让整个建筑看起来四平八稳，有时候牺牲面积会觉得可惜，但该出手时不能心软。我个人比较推荐有屋檐的单坡顶和双坡顶。左右对称稳定性最强，但如果可以确保整体平衡，选用单坡顶也未尝不可。

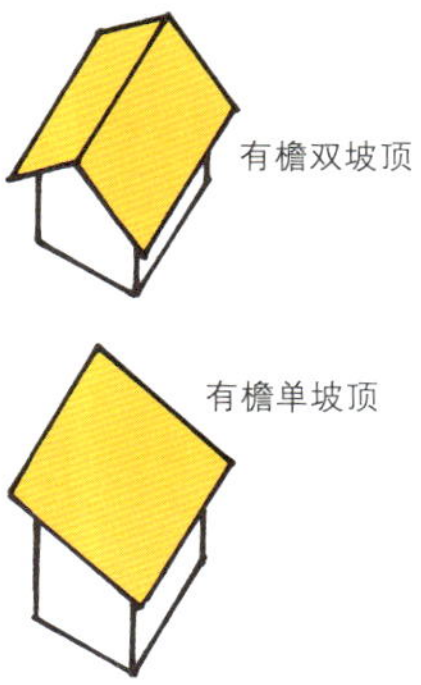

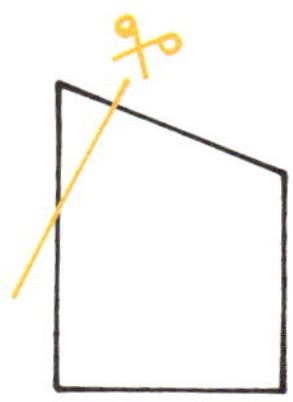

照片上这栋住宅，就算不削去左边屋顶也不违反任何法规，现在这样做是为了保持整体平衡。

“牵引法”塑造完美屋顶

说到屋顶，大家一般会先联想到平顶，觉得平顶可以载物。其实平顶设计容易给建筑物整体形状以及内部格局带来小小的麻烦。而如果可以轻轻“提起”屋顶，就能争取更大的空间，也有利于内部格局的划分。

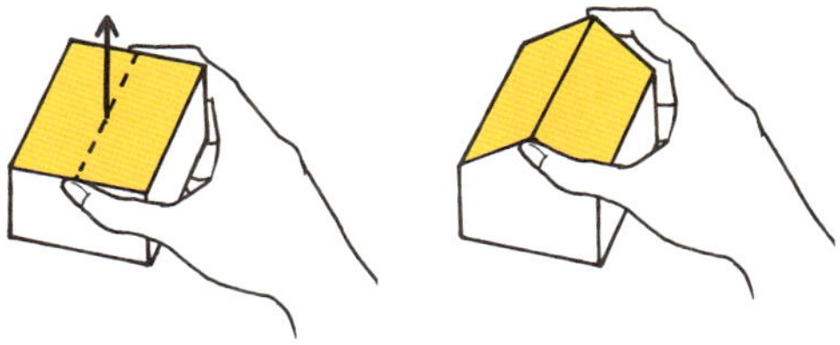

普通做法：从正中央位置“提起”

通常，我们都会从建筑物的中央向上“提起”，如果起居室在2层，效果可能更好。

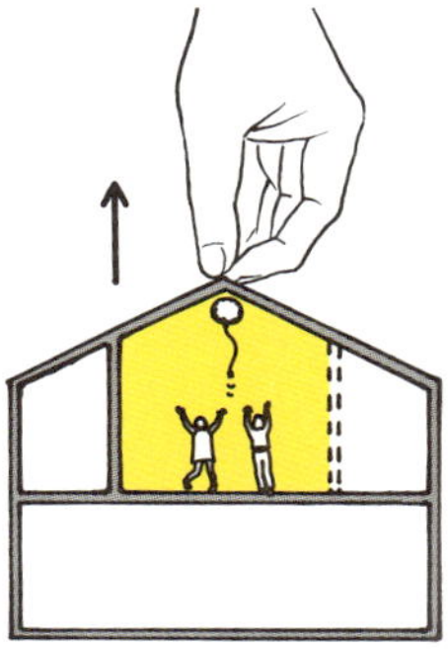

变通做法：“提”起一侧，形成2层

除了从中央位置“提起”，我们还可以从一侧下手，这一侧的层高将变高，自然形成2层空间。这样做是为了让空间变得更生动、活泼。

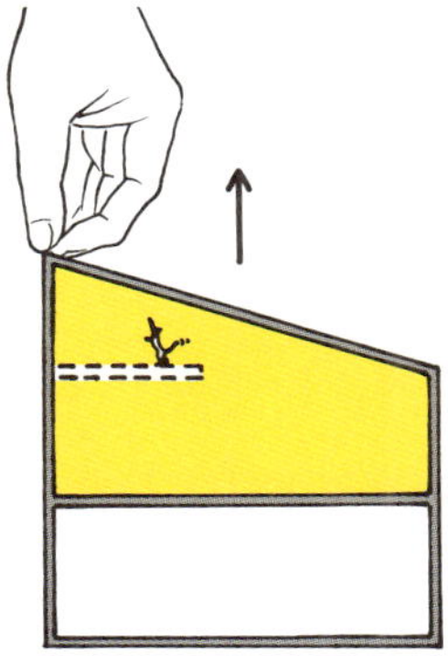

＝ “提起”屋顶时，还要多考虑内部格局。

形 状

慎用凹凸变化

我之前说过“考虑建筑物的形状，要从简单的长方形开始”，话虽如此，事实上最后竣工时很少有住宅会是这种简单的外观。我会在设计过程中为长方形建筑加入凹凸变化。想要营造良好的采光、通风条件，也就是希望建筑与外部环境能保持良好的沟通，采用凹凸变化的设计，效果会非常显著。

只不过，凹凸变化不能滥用，只能用 1 ～ 2 次。否则，建筑物外观会变得异常复杂，格局划分将受到更多制约，整体风格的拿捏也变得困难，很可能会不伦不类。所以，凹凸变化是一把双刃刀，恰到好处是加分，反之全盘皆输。

问题是到底要在哪里做凹凸变化呢？仁者见仁，智者见智，我建议大家慎用凹凸变化，而一旦决定了就要大胆尝试。

试着让豆腐变形

如果把我们居住的家比作是一个小规模的建筑物，把形状从简单变成相对复杂的动作最多只能 1 ～ 2 次，否则建筑外观看起来会太复杂，不伦不类。

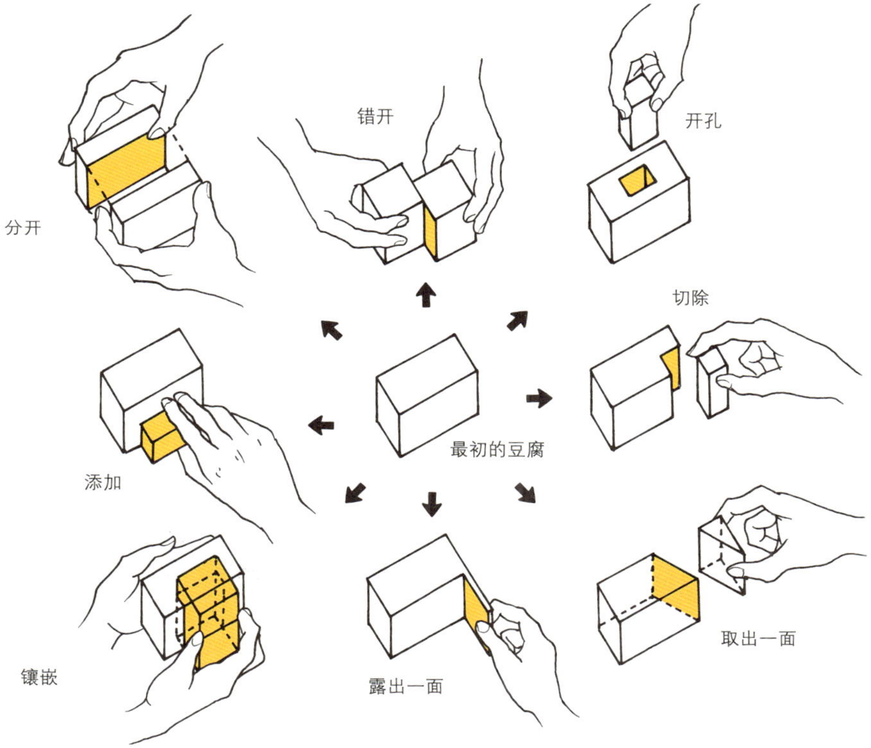

“变形过程”书面化

将原本最简单的豆腐块成功变形的秘诀是：搞清楚“在哪里做了什么变化”。如果可以直观地展现整个变形过程，设计师的意图便会随着几何图形变化的每一个步骤，较容易地传递给第三者。

“怎么会变成这个形状？”住户如果搞不清变形原因，脑袋里的“？”就会越积越多。对之后的提案（如格局划分）也会产生怀疑、不信任。

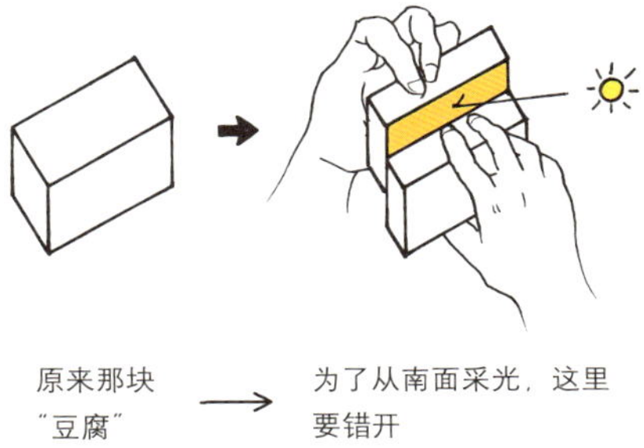

凹凸设计的最失败案例——日式阳台

考虑建筑外观时，最麻烦的问题就是阳台的设计。通常，大家都会在建筑物的南面多加出半间（910mm）深度的阳台，这是日本家庭的标配。但这样一个阳台除了晒衣服别无用处，从设计角度看，像是“硬贴上去”的，是一个最失败外观的案例。

“挖”出一个阳台

在这里，我建议用“挖去法”来建阳台。与外凸式阳台不同的是，这类内凹式阳台对深浅没有要求，即便超过常规尺寸，对结构也毫无影响。阳台面积变大后，除去晾晒衣服，功能性变得更强。并且阳台上部本身就兼有“屋檐”的作用，日晒雨淋的问题迎刃而解。最重要的是，整个建筑的外观变得简洁、收敛了许多，不是吗？

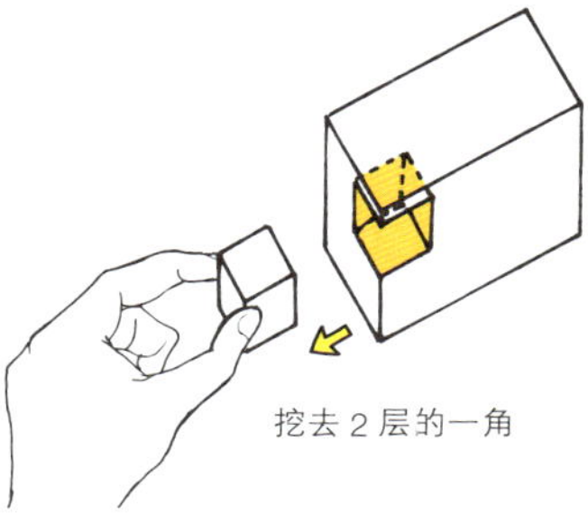

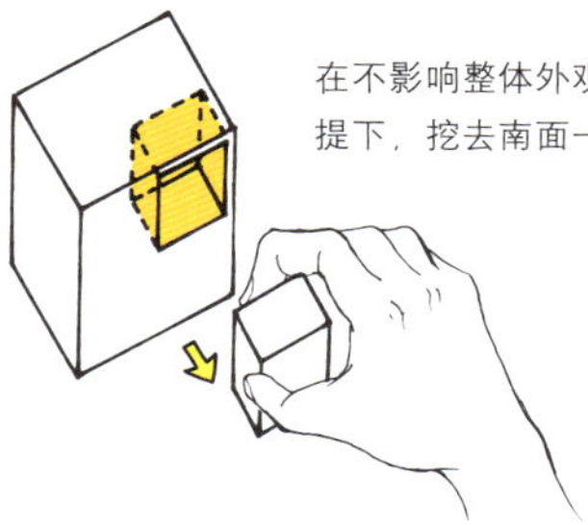

内凹设计同样适合玄关门廊

玄关门廊也可以“挖”。与阳台同理，玄关上部如果没有屋檐，雨天就会被淋湿，索性挖掉一块，自然形成“屋檐”。此外，玄关门廊属于“半室外空间”，可以发挥出更大功能。

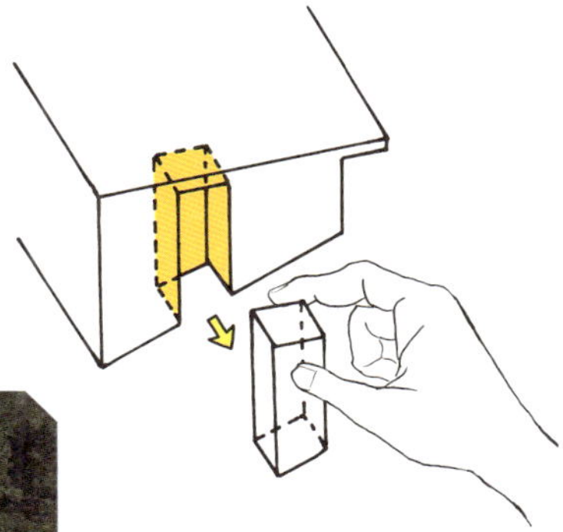

玄关门廊外的“屋檐”

划分格局时，很多时候会把玄关与起居室安排在同一侧（朝南偏多）。这时，如果将玄关门廊与起居室外墙的“屋檐”连成一片，视觉上干净利落。从玄关到起居室，“挖”掉一整块长方体便能取得这样的效果。

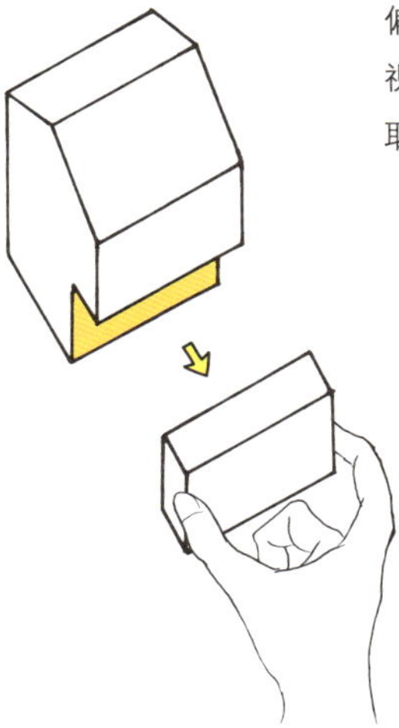

外凸式设计的典型代表——屋檐、窗檐、袖壁

与内凹截然不同的是向外凸出的设计，比如屋檐、窗檐、袖壁。

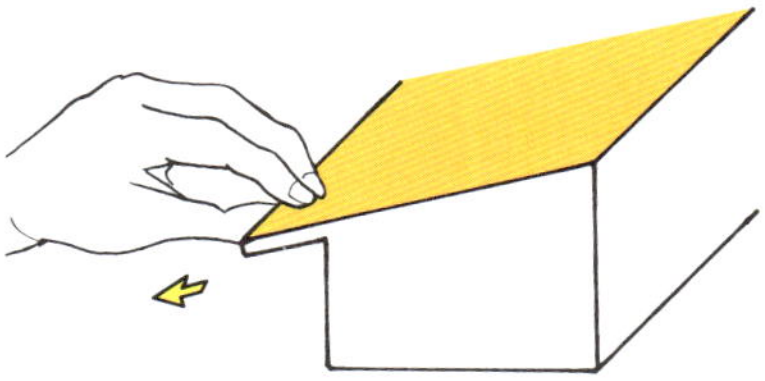

拉出屋檐

屋檐的作用是遮阳以及保护外墙不被雨淋。照片中就是在梯形建筑中朝外拉出屋檐的设计。

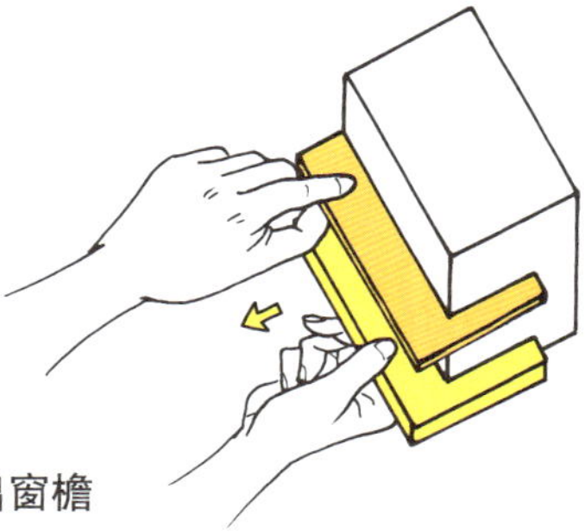

拉出窗檐

不仅是窗檐，连露台也向外伸出同样的深度，达到整体呼应的效果，舒适的半室外空间就这样产生了。

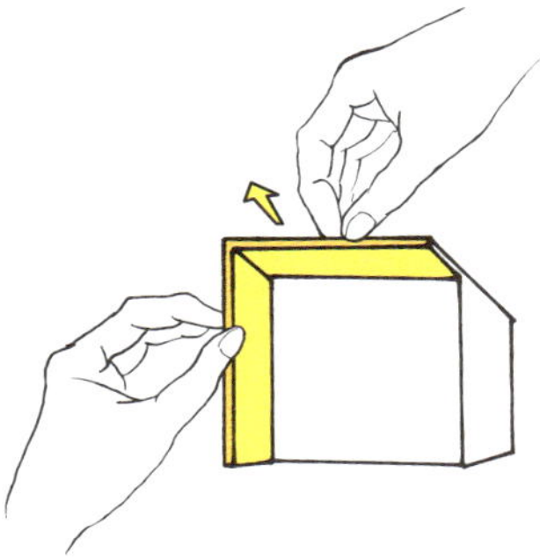

拉出袖壁

拉出与屋檐一样深度的西侧袖壁，可以防止西晒。

外凸式的极致——悬空设计

将建筑物 2 层整个牵出，形成凸出的外观。狭小的用地可以采用这个方法，充分利用停车位上方的空间。这种形式称为悬空设计。

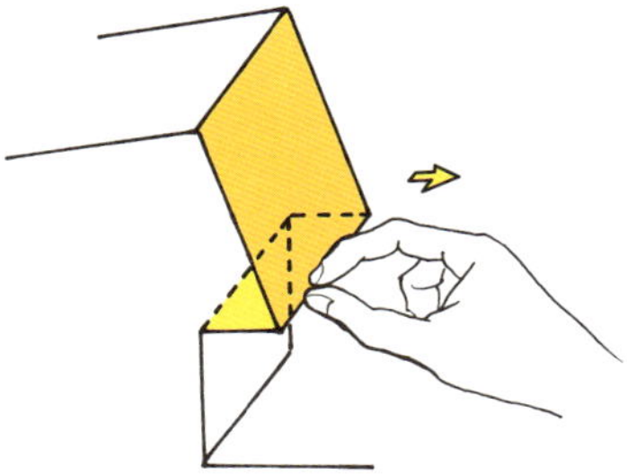

代替玄关外檐

悬空设计还兼有玄关外檐的作用。

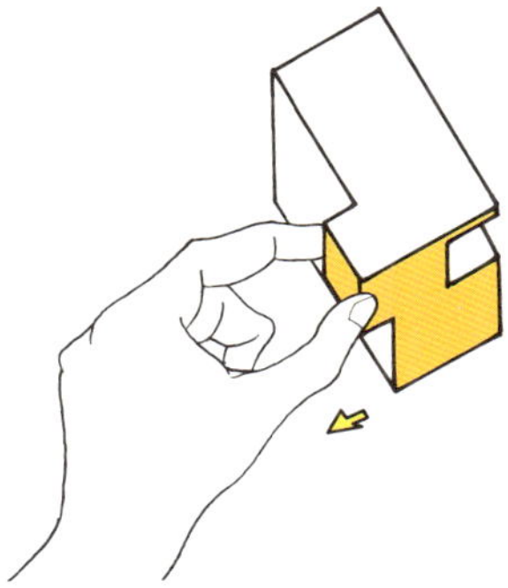

代替房檐停放自行车

将 2 层的部分区域向外拉出是惯用的外凸式设计，照片上凸出的部分既是窗檐又可以停放自行车，可谓一举两得。

二 如果是你，会在哪里做凹凸变化呢？

实例

1

「资料」中的实际案例

这是一栋钢筋混凝土结构的建筑，是本书第 20 页中介绍的案例在实际生活中的样子。正如我说的"从简单的豆腐形状开始"，我们把外观设计成长方形（共 2 层），屋顶选用角度和缓的单坡顶，采用"挖去法"设计成内凹阳台。在宽 3 间（5460mm）× 进深 5 间（9100mm）的长方形平面中，将挑高空间安排在中央位置。这是从勒．柯布西耶"雪铁龙型住宅"中获得灵感的一处城市住宅案例。

A-A 断面图

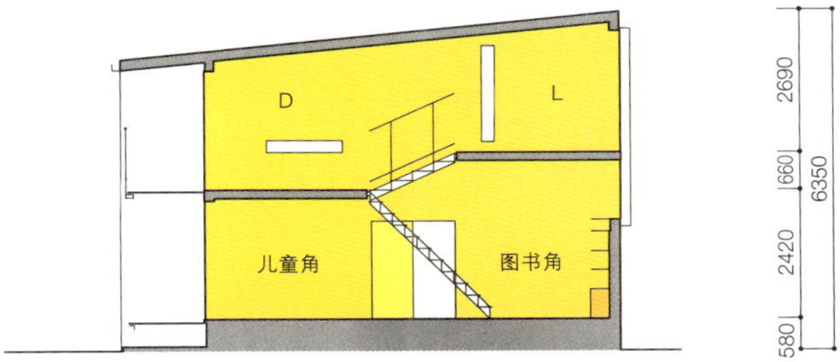

2 层平面图

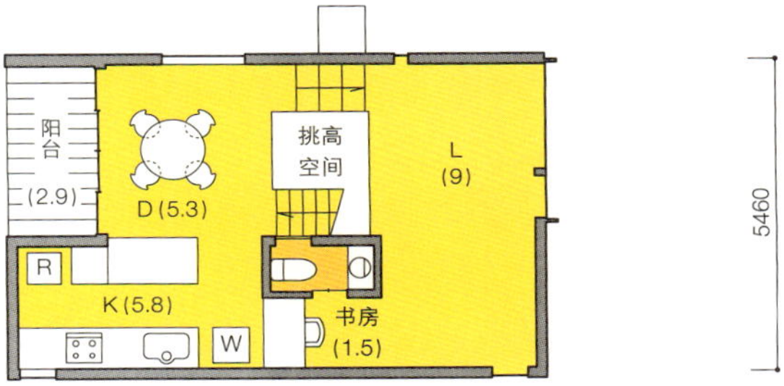

1 层平面图

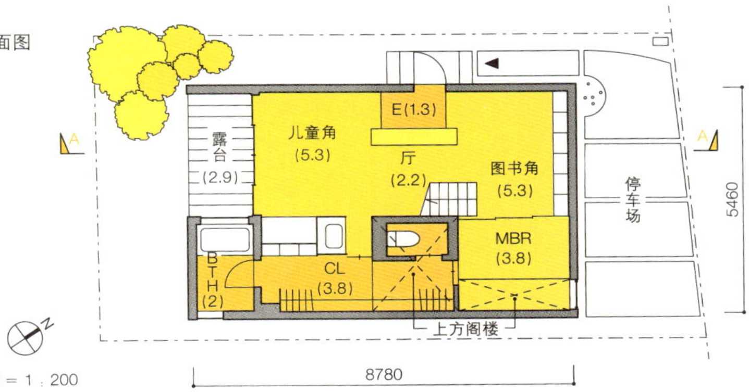

S = 1 : 200

（ ）内为换算成榻榻米的叠数

镰仓 Y 邸

所在地 / 神奈川县镰仓市（准防火地区）家庭成员 / 夫妻 +1 个孩子
规模 /2 层木造结构 占地面积 /100.50m^2（30.4 坪）
建筑面积 /47.94m^2（14.5 坪）使用面积 /93.39m^2（28.5 坪）

实例

2

凸出的起居室与南面梨园相连

用地南侧有一大片梨园，景色很好，我们将厨房与餐厅都安排在 2 层，所以 2 层的格局是重头戏。2 层北面起居室部分是凸出的悬空设计，不仅赢得了面积，还兼作 1 层玄关的屋檐（见第 35 页上图）。屋顶上提部分选择在起居室这边，地板也采用了小错层设计。于是，“起居室→餐厅，厨房→梨园”形成一道流动的风景线。

A-A 断面图

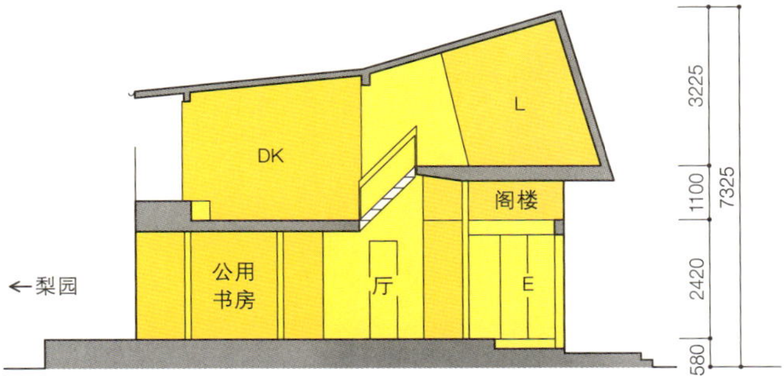

2 层平面图

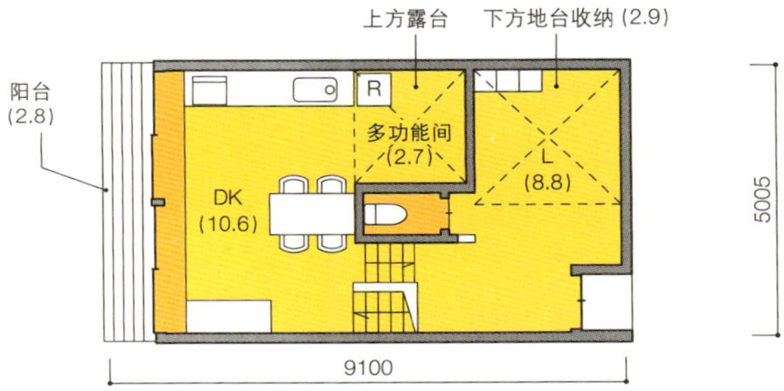

1 层平面图

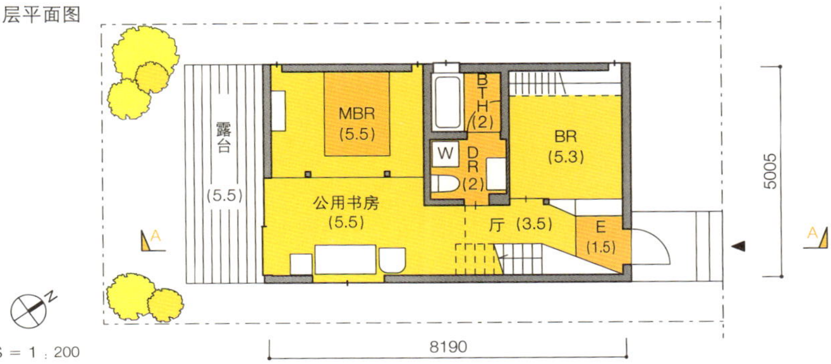

S = 1 : 200

（ ）内为换算成榻榻米的叠数

松户 N 邸

所在地 / 千叶县松户市（法律第 22 条地区）家庭组成 / 夫妇

规模 /2 层木造结构 占地面积 /101.56m^2（30.7 坪）

建筑面积 /44.56m^2（13.5 坪）使用面积 /91.12m^2（27.6 坪）

STEP 2

基本礼节，切不能忘！

为了人际关系的和谐，
为了维持社会秩序，
我们必须重视礼节。
同理，
为了发挥住宅本身的功能，
为了设计出人性化、合理化的格局，
在住宅设计领域也有一套必须遵循的规则。
只要将最基本的礼节变成一种生活习惯，
完美的格局，
便会出现在你面前。

布　局

1是车位，2是庭院，3、4空着，5是房子

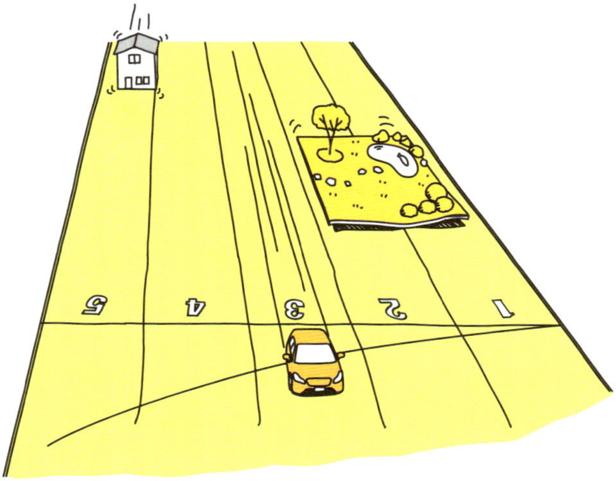

为了达到终极目标，通常可以“曲线救国”，从扫清周围障碍开始。建筑物布局则是一边“曲线”，一边接近重点的过程。在住宅的三个主要部分“建筑物、车位、庭院”中，如果不先安顿好车位与庭院，就无法决定建筑物的位置。

原则上，停车位会安排在沿道路一侧，狭小用地可能无法保证有停车位。我们可以通过庭院这片“空地”，将阳光与微风呼唤到室内，如果事先不知道能给庭院预留多大面积，根本无法进行下一阶段的设计。实际上，我们通常会同时决定这 3 个区域的分配，非要分先后的话，建筑物排在最后。这样做可以避免不合理的格局。

车位是狭小用地的死穴

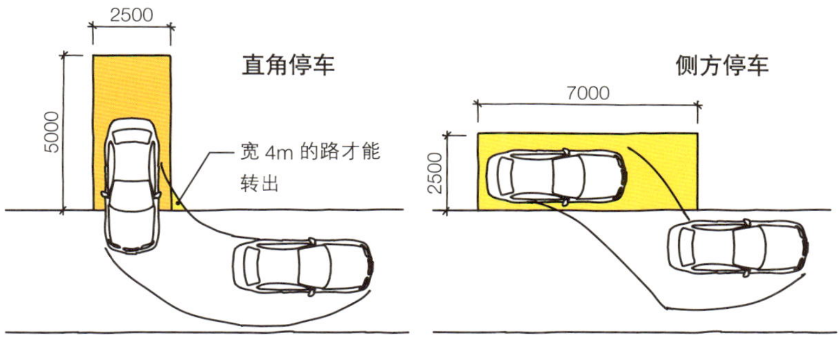

停车必要的空间

如果是长 4.5m，宽 1.75m 左右的中型家用车，直角停车需要 5m×2.5m，侧方停车需要 2.5m×7m 大小的面积。为了不撞到周围的电线杆、栅栏等，一定要再三确认车辆的停放轨迹。

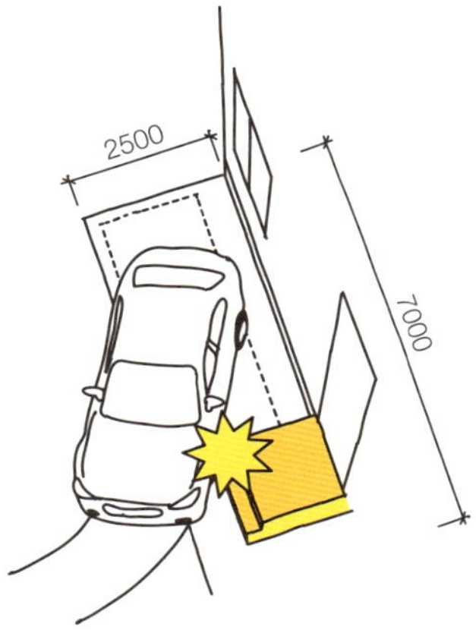

小心撞到玄关门廊

通常玄关门廊会设有两级台阶。但遇到狭小用地，我们会把车直接停在玄关旁，搞不好就会撞到台阶。所以，停车位必须考虑玄关门廊的位置。

别撞到玄关门

狭小用地还要注意，如果停车位与建筑物之间没有太多空间，千万别把车横停在大门口。不能开门的玄关算什么玄关？

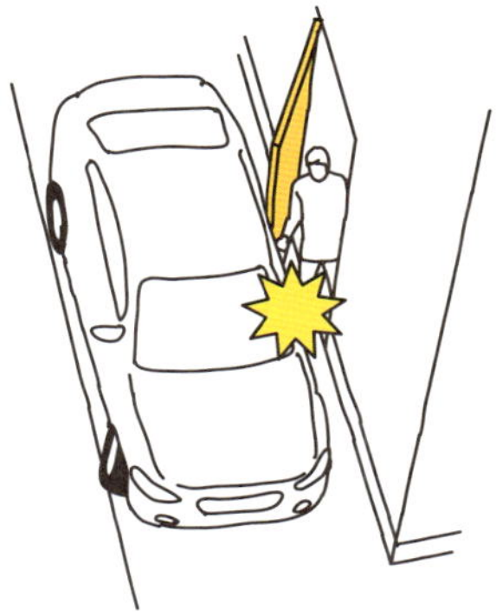

最讨厌这种停车位

横停在起居室外

朝南的起居室不但采光充足，还能看到院中美景，是一个绝好的安排。如果一辆车横停在这里会产生怎样的后果呢？不但遮挡了美景，一开窗还都是尾气，糟透了！

只能侧身走

狭小用地经常会遇到这种情况：车门不能全开也就算了，还得学螃蟹走路。

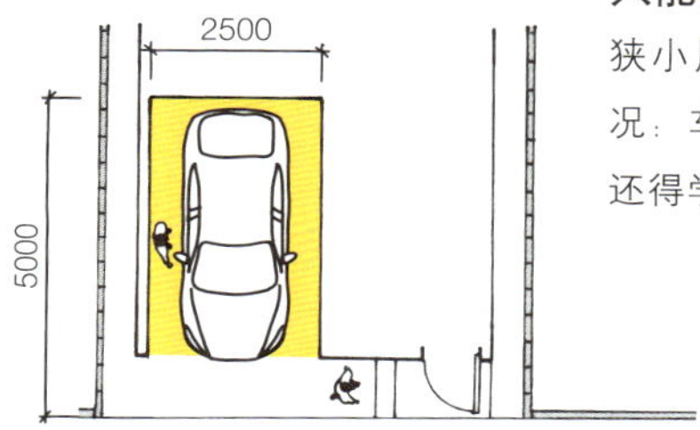

狭小用地中硬挤出的停车位

两只螃蟹

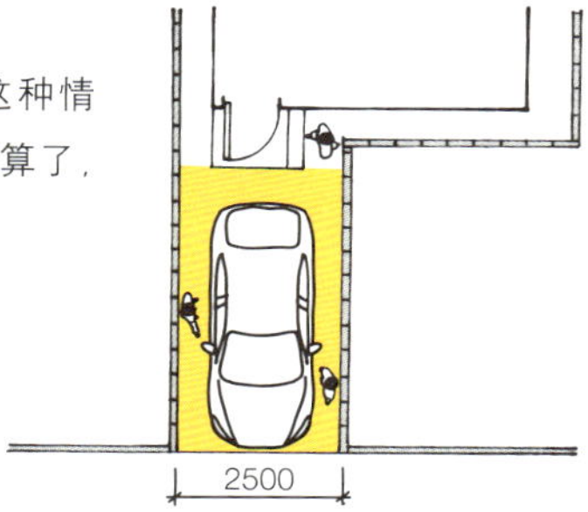

旗杆型用地的“旗杆”已经非常窄了，还要把车位卡在这里。

最后一招

一样是狭小用地，我们可以配合停车位将建筑形状设计成“钥匙状”。这一形状的住宅，内部格局比较麻烦，所以不推荐，是万般无奈下的最后一招。

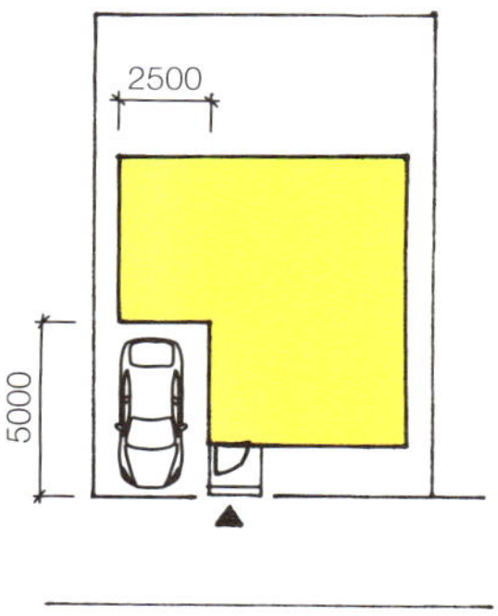

× 缺口停车

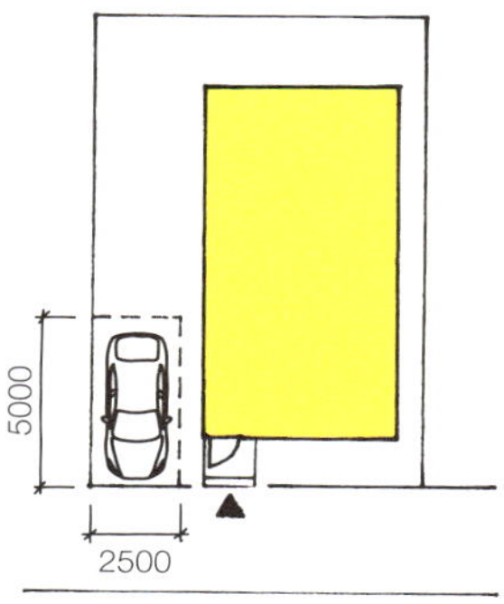

○ 直角停车

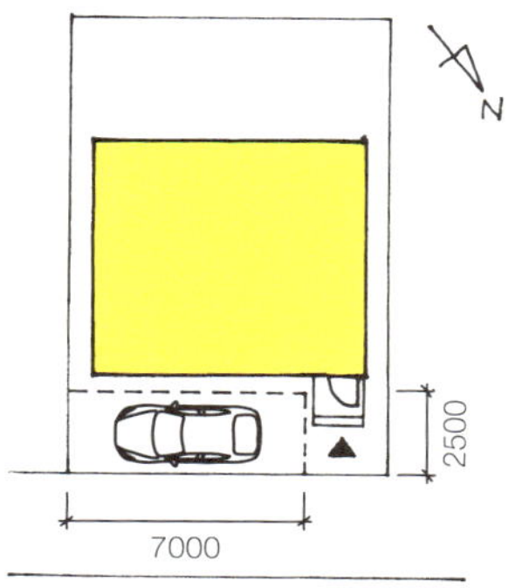

○ 侧方停车

庭院连接开放空间

一旦确定了停车位，接着就是庭院。布局原则是“留出最大范围的空白”。另外，并非南面就一定是最好的。

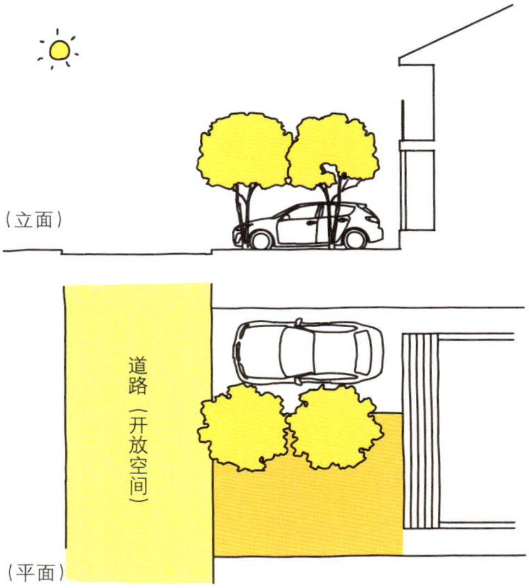

如何呼唤阳光与微风？

庭院不只是种菜的菜园，更是呼唤阳光与微风的“空地”。所以将庭院与开放空间连接在一起才是基本原则。都说南面有个庭院就太完美了，其实不然，和道路、河流、公园，甚至邻家的庭院等连接也是不错的选择。

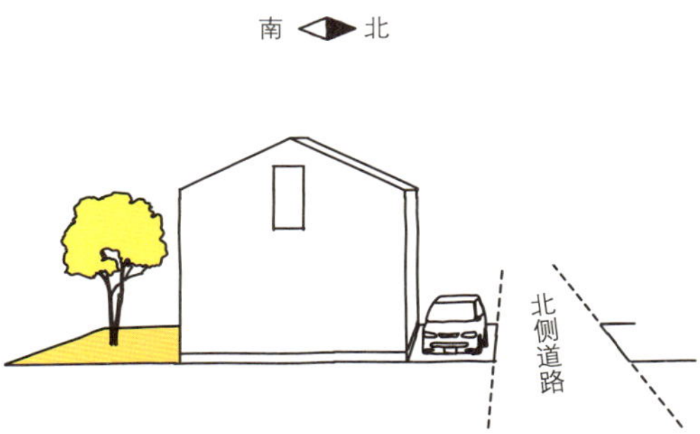

可是，如果道路在北侧……

虽然“将庭院与开放空间相连”是基本原则，但如果道路在北侧还是要三思。如果将庭院安排在靠近道路（开放空间）的北面，建筑物就要挪到南面，建筑物的影子会使庭院终日阴暗，影响采光。因此，遇到北面是道路的情况，尽量将停车位与建筑都安排在北侧，庭院安排在南侧。

如果是倾斜用地，可以将庭院安排在地势较低的一侧

庭院位置还与地形有关。如果是倾斜地形，一般会把庭院和起居室安排在地势较低、景色较美的一侧。

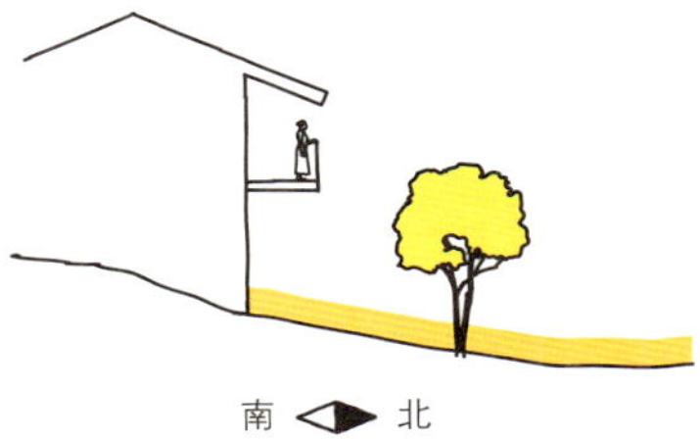

建筑位置

南侧道路，北侧建筑

如果南侧有道路，停车位、庭院和建筑物要如何安排？不用多想，照下面说的办就对了。车位与庭院紧靠南侧道路，车不要横停在朝南的起居室前，建议直角停放。

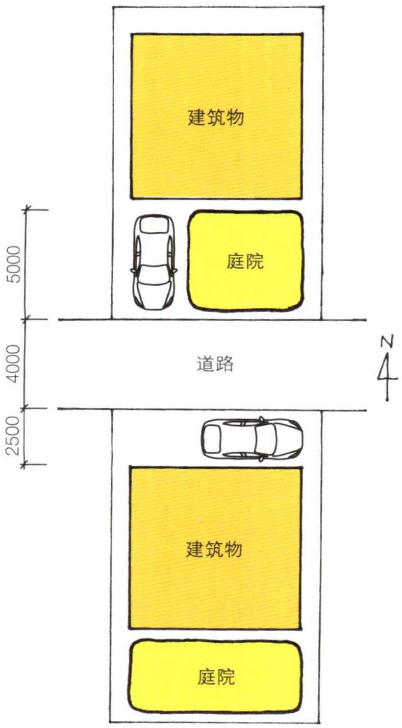

东、西侧道路，空开路边区域

如果道路在东侧或西侧，占地面积又不大，想在南侧建一个大庭院就比较困难。这时应该尽量让建筑物远离道路，空出一个区域。采光问题不用担心，道路一侧的光线就足够了（但要注意夏天西晒的问题）。

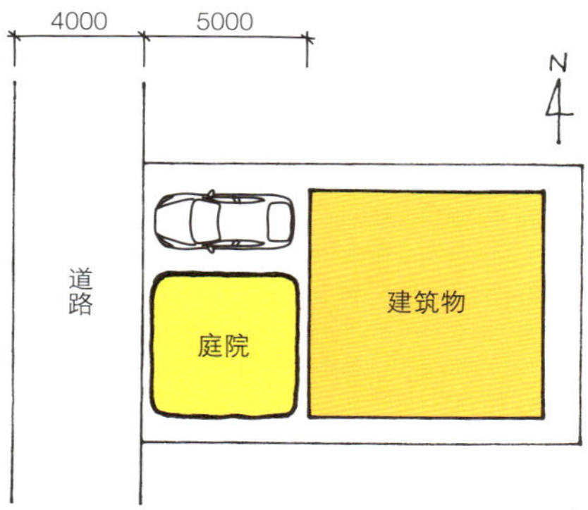

此外，为了满足北侧斜线的限制，屋顶建议采用向北倾斜的单坡顶。屋顶形状是需要仔细推敲的部分。

就算道路在北侧，建筑也要安排在北侧

如果道路在用地以北，不但停车位要安排在北侧（侧方停车），建筑物也要尽可能靠北，这样才能在南侧留出较大面积给庭院。这种布局不容易受到北侧斜线的限制，不用切除过多的“豆腐”。

与邻居保持多远距离？

最让人费心的就是与邻居的距离。从法律出发，以装置设备所需空间来决定与邻居的距离。

距离 50cm
民法

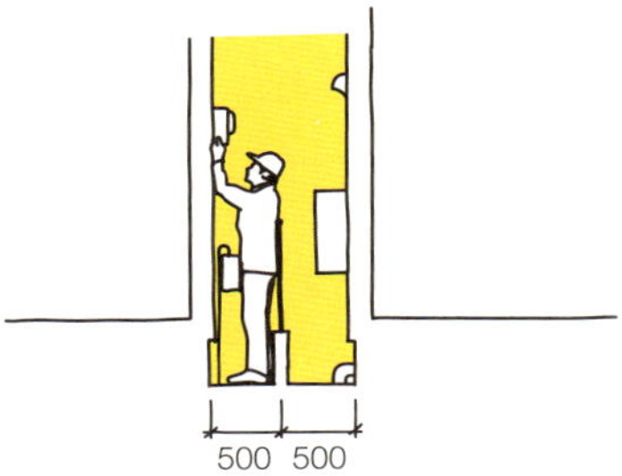

日本民法规定，与邻居最少要保持 50cm 的距离。这个宽度只能侧身通过，可以搭建脚手架，安装、维修电表、水表等都没问题。

距离 75cm
换气窗
室外机

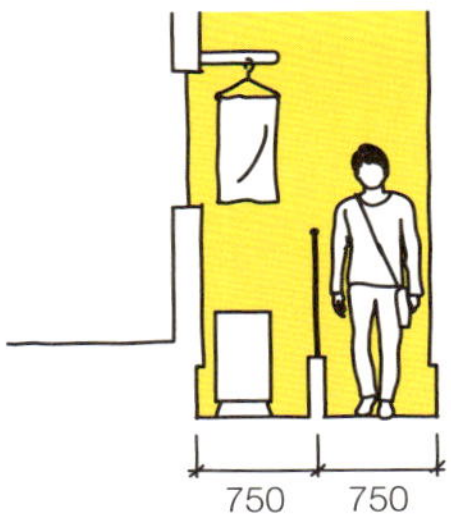

普通人行走的宽度。这个距离无法在 1 层开设窗户，但安装换气窗没问题，装空调室外机也完全 OK。与邻居家最起码要保持这一距离。

距离 1m
自行车
锅炉式热水器

可以推自行车行走的宽度。可以摆放置物柜，锅炉式热水器以及液化气罐。

距离 1.5m
玄关前小径
窗户

这个距离可以建一条通往玄关的小路了，在符合法规的前提下，还能在 1 层开设窗户。

二 统筹安排车位、庭院和房子，形成三位一体。

区　域

Don't think. Feel

既然已经决定了车位、庭院和房子的基本位置，终于可以进入核心问题，即建筑内具体格局划分的环节了。突然直奔主题有点适应不过来，我们还是按部就班吧。

划分建筑内格局的过程，简而言之就是分配区域的过程。通常我们会把起居室、餐厅等归为公共区，盥洗台、浴室等归为用水区，卧室、儿童房等归为私人区，基本就是这 3 个区域。哪些地方适合分配给哪个区域呢？这个问题越是设身处地去想，答案就会越来越清晰。不是刚决定了庭院与建筑的位置关系吗？不是刚决定“这里是院子，那里是起居室”吗？没错，按照心中所想去规划，相信自己的直觉！

最舒服自在的位置→公共区

感觉到了

大致决定各区域后，站在空地中央去感觉，听从自己内心的声音。根据与用地相连的道路决定好停车位与庭院的位置后，接下来只需要去感受，这块用地中“最舒服自在的位置”在哪里？

由外而内

最舒服的无非就是阳光照入，或是与庭院相连景色优美的地方。将家庭成员最常停留的起居室、餐厅安排在这里顺理成章（图中还设计了和室）。所以，划分区域时，基本的一条就是由外而内着手。

内部→用水区域

与设备有关的一切都安排在内部。

建筑“内部”要安排家人短暂停留的卫生间、浴室，盥洗台等用水区域。与用水区域紧密相关的热水器、电表、水表等设备也分布在此。将与设备有关的部分妥善安排好，才能体现出“外部”的整齐美观。此外，使用频率颇高的厨房既属于外部，也可以划分在内部。

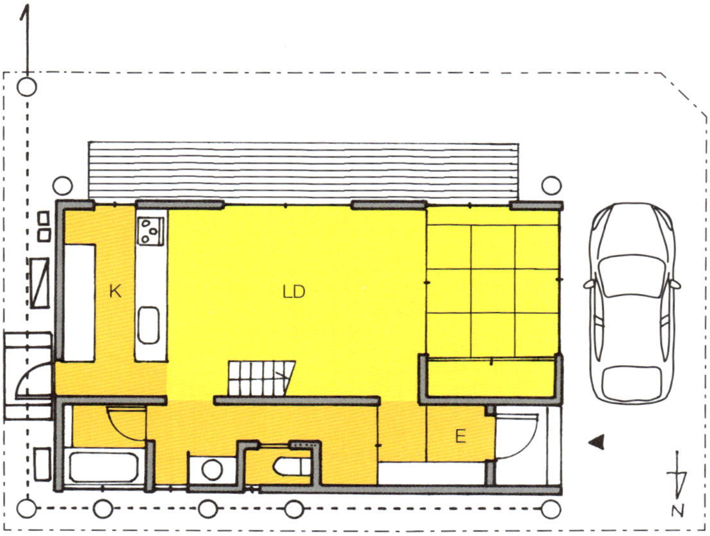

这是 1 层格局的雏形

这是区分内外之后 1 层的大致格局。尽管用地条件各不相同，安排可能会随之变化。但划分区域需要考虑的基本问题大致如此，万变不离其宗。

考虑“2层起居室的问题”

如果用地面积大，可以拥有一个大院子，起居室放在 1 层当然没问题。但如果是位于建筑密度大的市区内的狭小用地，1 层起居室的采光条件多半不甚理想。这时候可以考虑起居室在 2 层的格局。我们先来理清这一格局的优缺点。

○ 日照充足、明亮

这是最大优点。如果再开设高窗，整年采光无须担心受到邻居影响。

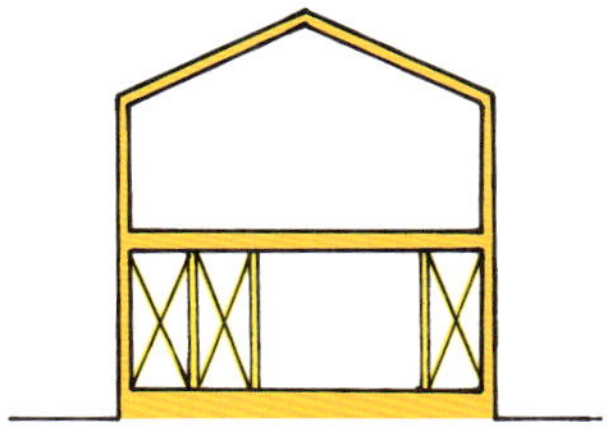

○ 抗震

通常将房间安排在 1 层，各房间之间的墙壁及隔间柱大大增加了抗震性。这样一来，2 层就不需要墙壁，可以设计成大开间。

○ 私密、防范性

房间在 1 层就不需要开设落地窗，路人很难窥视到室内。安全性会有所提高。

○ 实木内装

这里牵涉到一些专业问题，如果将厨房（明火区）安排在最上层，内装将不受“防火限制”影响，地板、墙壁、天花板都可以采用实木。

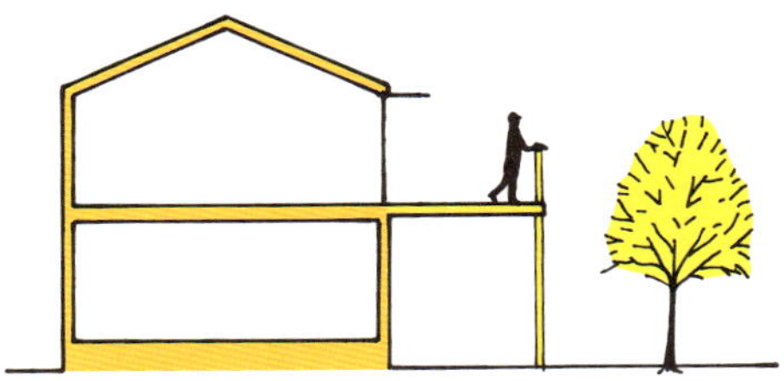

△ 与庭院的关系

起居室无法与庭院连为一体，但视野开阔不少。在 2 层设计一个大阳台也许不错。

× 未来的不安

将来腿脚不便，上下楼梯是个难题，可能要安装电梯及迷你厨房。这是最大缺点。

L.D.K→KD.L

划分区域后，很多人会特别在意 LDK 如何安排，作为“外部区”的 LDK，划分方式多种多样。可是，如果从它们之间的关系出发，划分形式便会受到局限。

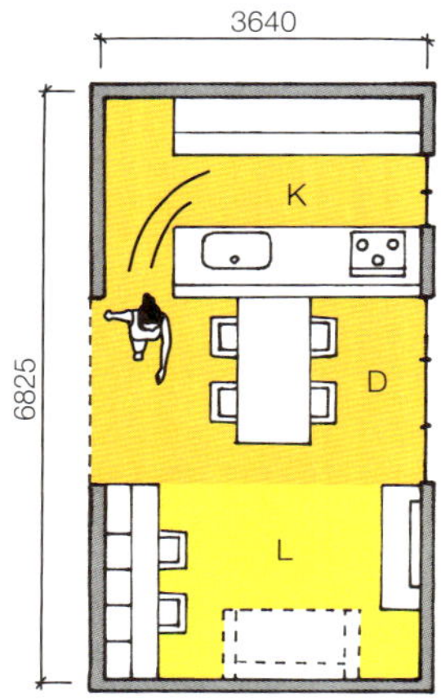

可以考虑 L 与 KD 的连接方式

如果厨房与餐厅连在一起，无论是做饭还是之后的洗碗都更方便。因此，可以将厨房和餐厅作为一个整体来考虑，即便起居室离它们远一些，问题也不大，如果距离比较近就更完美了。从“厨房餐厅一体化”的思路出发，一般来说，LDK 的布局出不了什么大问题。

不拘泥于形式

如果接受 KD+L 的基本概念，LDK 的格局也可以像右图那样成正方形分布。只要抓住关键，形式任君挑选。

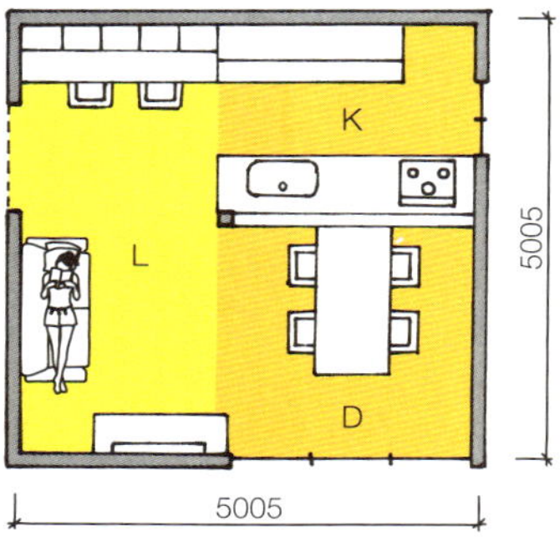

15 叠为一个标准

顺便提一下 LDK 最起码的面积，无论是长方形还是正方形，至少要有 15 叠。只要能确保放下餐桌椅、电视、小沙发、电脑等，家的雏形就有了。

LDK的两种主要变化形式

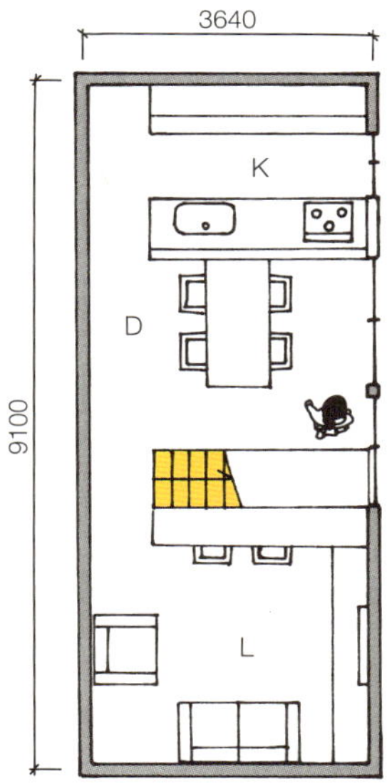

包括“起居室楼梯”在内20叠

最近越来越常见的一种格局就是在起居室内加入楼梯的LDK。

具体怎么安排看个人喜好。例如左图，餐厅与起居室中间隔着楼梯，将两部分空间划分明确，包括楼梯在内共20叠。另外，起居室的楼梯也算是一种挑高空间，冬天热气容易通过楼梯扩散。隔热与密封性的问题要着重处理，处理不好的话，竣工后恐怕会招来住户投诉，必须注意。

上一级台阶的和室，视野不同

在起居室一角留出一块和室空间，是一种颇具怀旧感的格局。无论在这里熨烫衣服，还是打盹儿小憩，一分一秒都是生活中美好的记忆。只要LDK能保证有23叠的大小，就可以留出一个小小的、带壁橱的和室空间。但沙发的位置让人烦恼，索性将和室做出一个台阶，偶尔坐一下也不错。

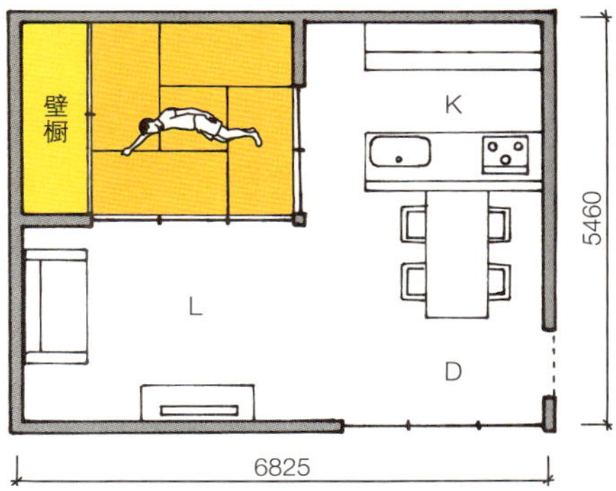

＝ 抓住关键，其余自由发挥。

玄　关

与楼梯一起占据中央位置

划分完大致区域，雏形逐渐显现，该进入核心环节了。只要遵循法则，就能快速把握玄关与楼梯，它们可是决定格局的关键。

新年第一天去神社拜拜，总觉得从入口处的鸟居走到大殿的距离越遥远，这一年能获得的福泽就越多（可能只有我这么想吧）。可是设计住宅时，玄关距离每个房间远，只会白白增加走廊距离，一点儿好处也没有。难道快速到达每一个房间不是我们追求的目标吗？将楼梯放在中央，帮我们以最快速度到达每一个想去的房间是一大原则。因为出发地在中心，到哪里都是最短距离，冗长的走廊没有任何好处。

中央楼梯好处多多

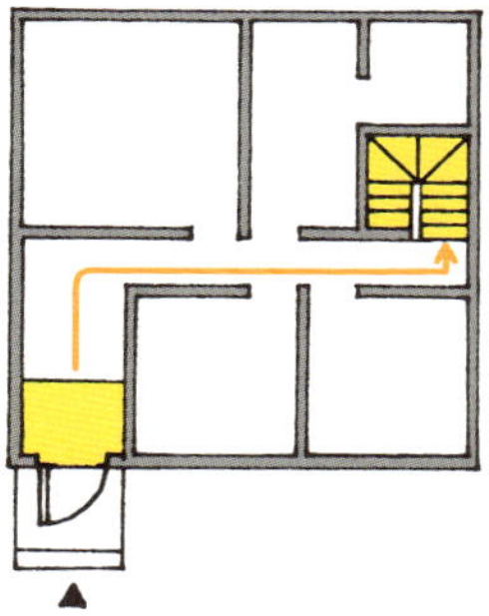

× 角落玄关 + 距离楼梯远＝拉长走廊

将玄关与楼梯一起安排在中央，就能减少“只用来移动”的走廊空间。少了走廊，每个房间分配到的面积就会增加，空间变大。在住宅格局中，可以有走廊，但最初商讨格局划分时，最好避免把过多的空间浪费在只有“通道”作用的走廊上。

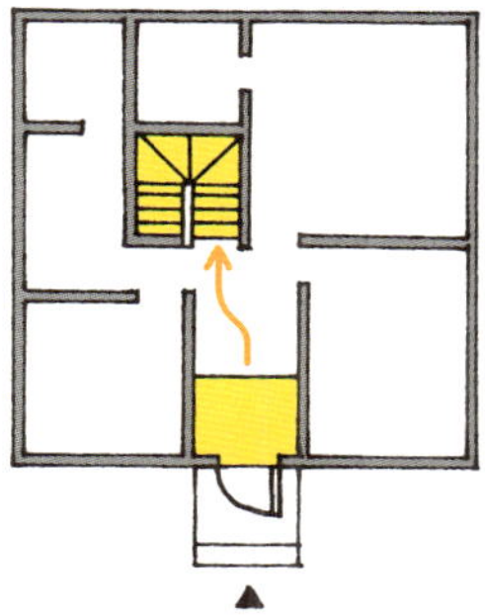

○ 中央玄关 + 距离楼梯近＝缩短走廊

中央玄关的两种形式

如果以玄关小径为出发点，把玄关安排在建筑中央，有两种形式。

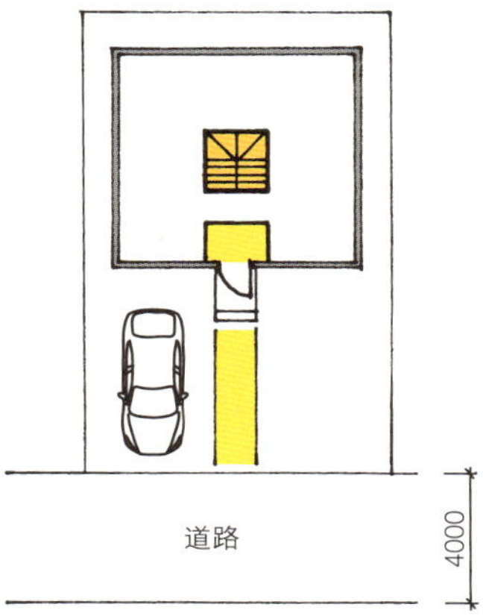

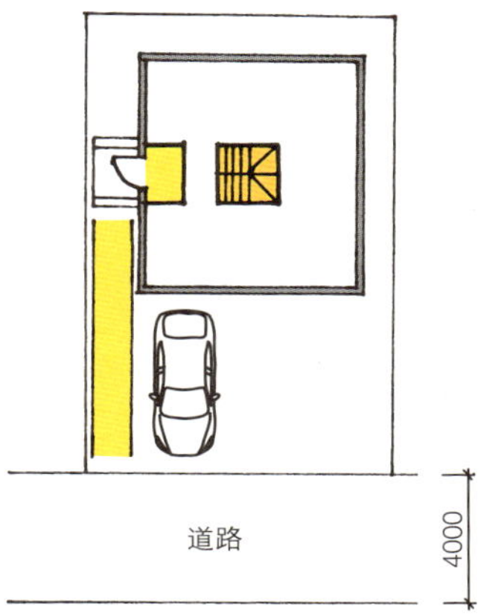

正对道路的中央玄关

将玄关安排在正对道路的位置，这是最普遍的形式。

从侧面迂回至中央玄关

如果用地面积大，可以在建筑外围建一条通幽曲径，回转至玄关。

如何克服“角落玄关+中央楼梯”的缺点？

由于用地条件的先天不足，很多时候无法将玄关安排在中央，只能在角落。即便如此，还是可以找到避免“长走廊”的补救方法。

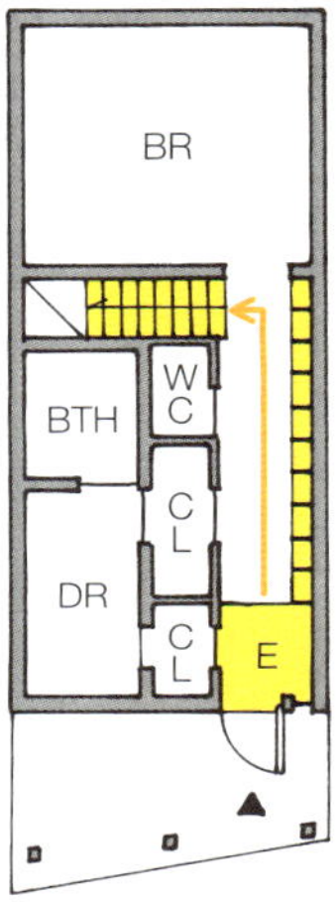

收纳走廊

我们会建议宽度小，进深长的 I 型建筑物采用这一方式。

角落玄关与中央楼梯的组合，势必会形成一段长长的走廊，如果可以增加走廊的宽度，倒是可以发挥出最强的收纳功能，做到不浪费空间。

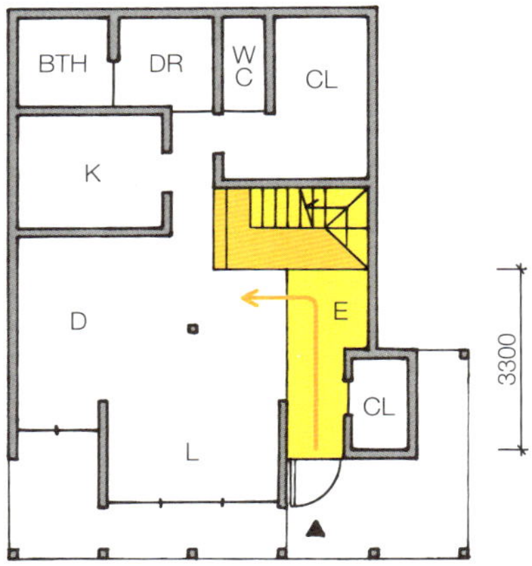

将“土间玄关”扩展至建筑物中央

把玄关范围扩大成“土间玄关”也是一个办法，这样一来去每一个房间都是从中央出发。但住宅面积不够大就很难实现。大面积土间的优点是可以容下自行车等较大物件。

在角落又怎样？

“什么？怎么跟刚才说的不一样？”这样说肯定被人骂，其实角落玄关也没那么糟糕。遇上狭小用地，把玄关放在角落设计起来反而简单。只不过，楼梯依然要占据中央位置，这一点必须死守到底。

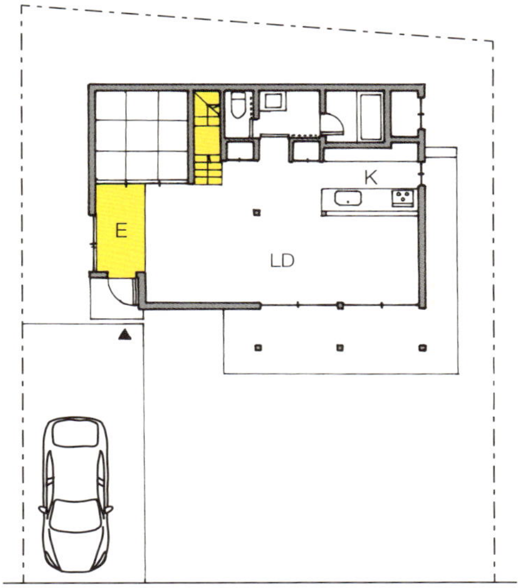

“角落玄关”的好处

如果玄关放在建筑物一角，玄关小径在建筑另一侧，车位就可以占据一个较理想的位置。主要动线不用通过中央位置，房子与庭院可以分配到的面积会增加。此外，把玄关放在角落，设计凹型玄关门廊易如反掌，并且将有台阶的三合土玄关放在角落，施工起来也不麻烦。这些都是角落玄关的优势。

话虽如此，还是先考虑中央位置吧。

四叶草理论，不是四瓣也可以

“动线”一词原本只是建筑专业用语，如今拜某热播广告“动线成就格局”所赐，变成了深入人心的流行语。动线设计确实事关重大，越是重要的事越要从简单入手，反而容易进行。

这里我要介绍一种四叶草样式的动线。正如“玄关”章节中介绍的那样，把玄关与楼梯一起安置在建筑物的中央位置，房间分布在周围，这种格局自然就形成了四叶草式的动线。如果把玄关与楼梯看作四叶草的“根茎”，分散开的房间便是它的“叶瓣”，至于有多少叶瓣并不重要，重要的是这一形式，哪怕只有两瓣或三瓣也会为生活带来好运。

看，四叶草出现了！

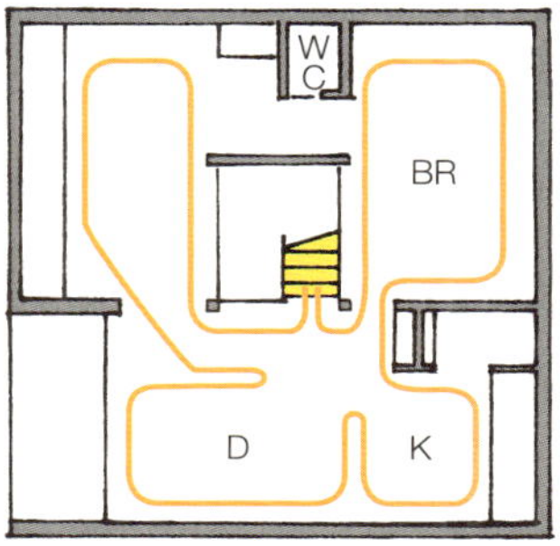

典型的四叶草

从中央楼梯向四个房间延伸的动线，几乎没有多余走廊。

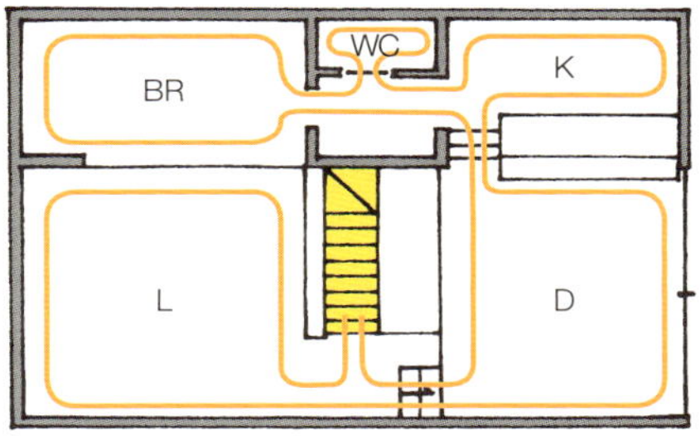

环环相扣的双重四叶草

以楼梯为基点构成左右延伸的动线，并由厨房引出通往餐厅与卫生间的动线。

这样环环相扣的设计是四叶草动线的升级版。如果想把用水区"隐藏"起来，可以采用这类动线的设计方法。

画出四叶草动线格局图

让我们带着四叶草动线的意识，动手画一画最简单的格局图。先假设是“建筑面积 16 坪的 2 层建筑”吧。

1 层

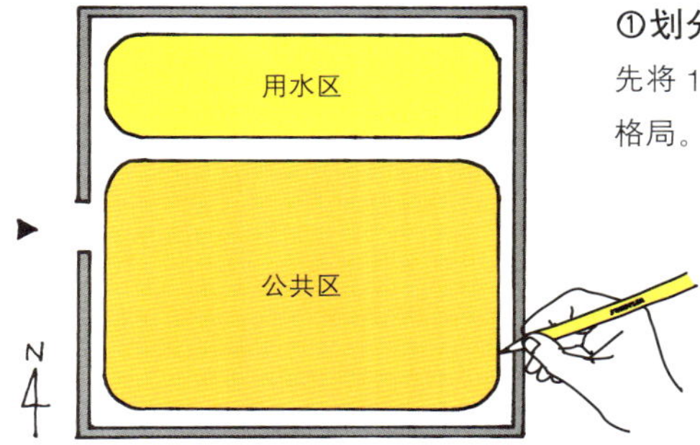

①划分区域

先将 1 层划分成南面公共区，北面用水区的常规格局。玄关设在西侧中央。1 层先这样。

2 层

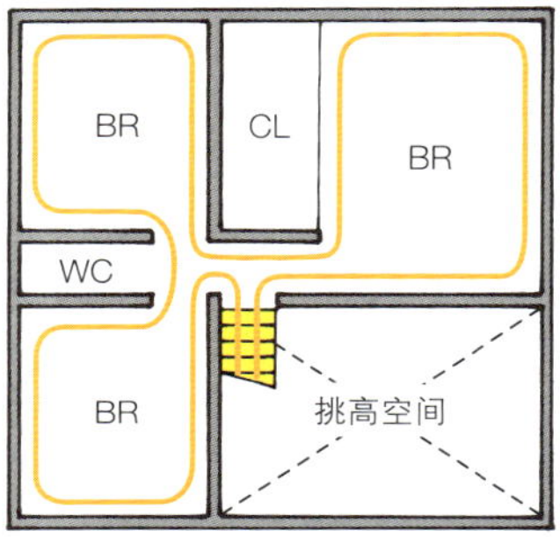

②决定 2 层的楼梯位置

接着来到 2 层。这里几乎都是卧室，因此楼梯的形状与位置很容易决定。我们就老老实实在南面安置一个直行楼梯吧，这样楼梯就能通往每一个房间。2 层的格局图完成后，再回到 1 层。

1 层

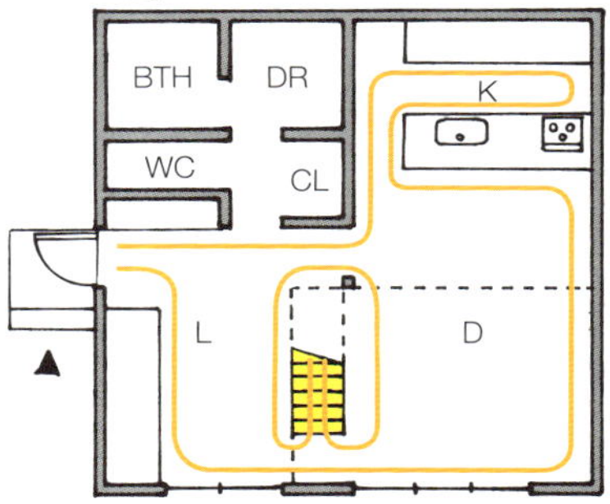

③考虑各区域的具体细节

决定了楼梯位置，每个房间的安排就简单了。这户人家的楼梯将公共区左右分开，既然挑高空间在东面，那么餐厅安排在这里也不错。LD 的位置确定后，厨房位置也不再有悬念。只需要调整构成四叶草动线的分割墙的位置。

尽管使用面积只有 28.5 坪，但 3LDK 的居室让这个四口之家过上了舒适悠哉的日子。

四叶草的两大类

四叶草动线大致可分为以下两种形式。

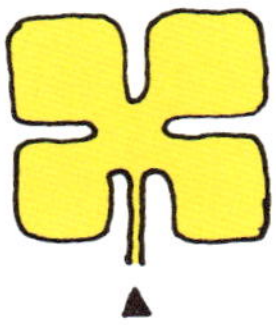

以楼梯为中心

玄关、迷你走廊和楼梯相对紧凑，以分支的形式连接每个房间。这也是最常见的格局。

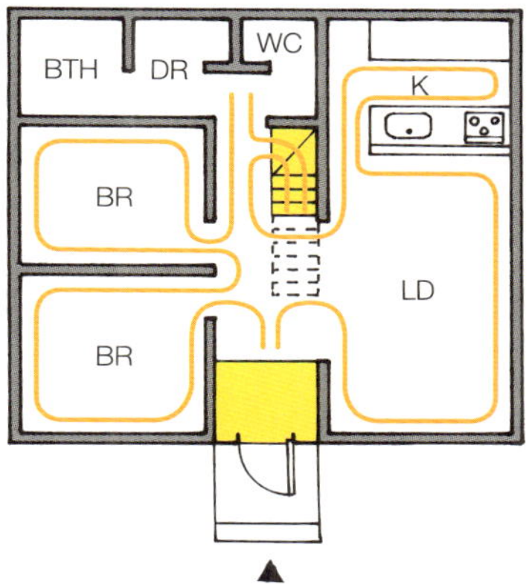

用于移动的空间较少，把空间浪费降到最低。这是注重房间隐私及室内氛围的一种格局。

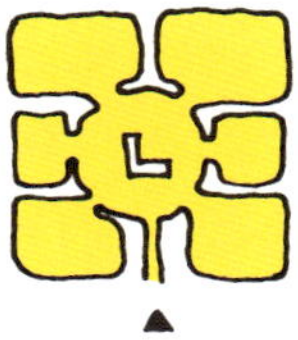

以起居室、餐厅为中心

起居室，餐厅（LD）位于四叶草中心的特殊格局。LD 直接连接玄关，节省移动空间。

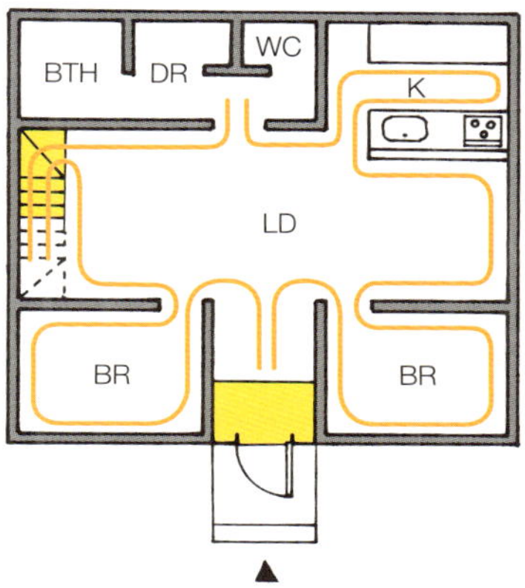

不过，用水区的每一扇门都面向 LD，必须想办法调整四叶草"根茎"部的形状。

二　首先从"根茎"开始。

用水区

若即若离

逛服装店时，常常刚一进店门，热情的店员就一边说“欢迎光临”，一边笑容可掬地出现在眼前。虽然多少有些受宠若惊，但总比完全没人搭理好。个人业绩较好的店员，是因为善于掌握与客人的距离吧。同样的道理，用水区的设计也讲究距离感，用水区与起居室、餐厅的距离；房间到卫生间的距离；洗衣机与晾衣处的距离，等等。用水区的安排会直接影响日常生活的便利性与动线的使用效率。

类似卫生间、盥洗台这种“使用频率高但停留时间短”的地方，家庭成员一天使用多次，就算不用近在眼前，太远也不方便。让我们试着找出若即若离刚刚好的距离感。

用水区内部的距离感

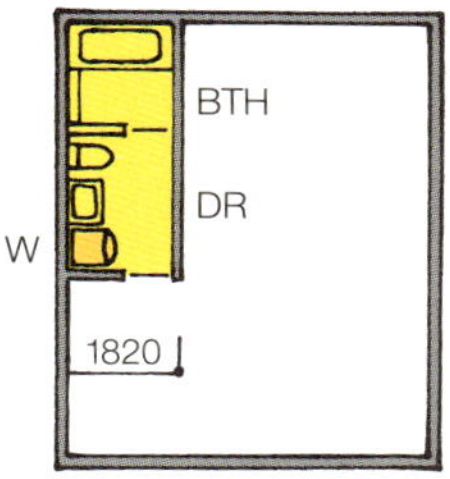

① All in one 型

卫生间、盥洗台、洗衣机、收纳柜等都设置在更衣室内。如果浴室需要 2 叠，整个大约 5 叠就足够了。但卫生间与更衣室放一起，就很难满足卫生间与浴室分开使用的需求。

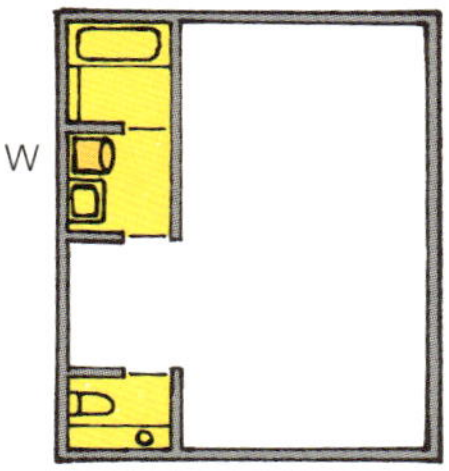

②独立卫生间型

将卫生间独立分离出①的一种常规形式。解决了不同人想同时分别使用卫生间与更衣室的问题。浴室与盥洗更衣空间各需要 2 叠左右。

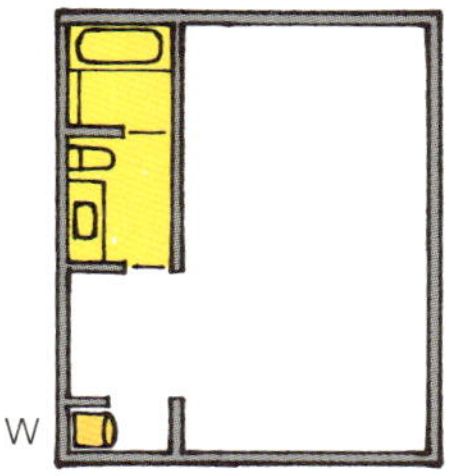

宾馆型

只将洗衣机分离出①的形式。只要能保证盥洗台的宽度有半间（910mm），盥洗更衣空间有 2 叠就够了。不过，就不能用浴缸里洗澡剩下的热水洗衣服了。

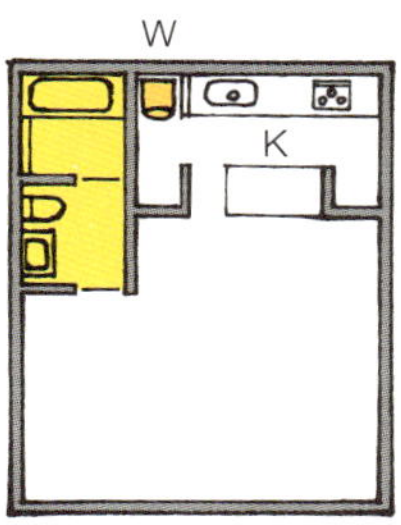

洗衣机放厨房

只将洗衣机从①挪至厨房。似乎女主人都很喜欢洗衣、烹饪同时进行，前提是要选用较低矮的滚筒式洗衣机。

卫生间的“禁忌”

通常，比起 All in one，更多人会选择独立卫生间。在设计独立卫生间时，一定要牢记以下几个禁忌。

正对玄关

“哗—”冲完马桶马上打开房门迎接客人……你能想象空气中弥漫着的微妙味道吗？不太礼貌。

正对起居室或餐厅

卫生间正对起居室或餐厅……两边都很尴尬。

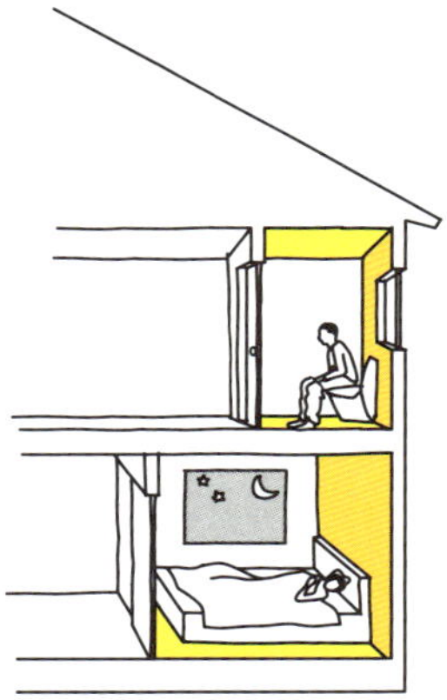

不要在卧室正上方

如果卫生间在 2 层，一定要特别注意正下方不能是卧室。美梦可能会被冲水声无情地冲个粉碎。

不要远离卧室

卧室在 2 层，卫生间在 1 层的某个角落，半夜尿意来袭会很痛苦。解决方式有两个，在 2 层也设置卫生间，或一下楼就是卫生间。

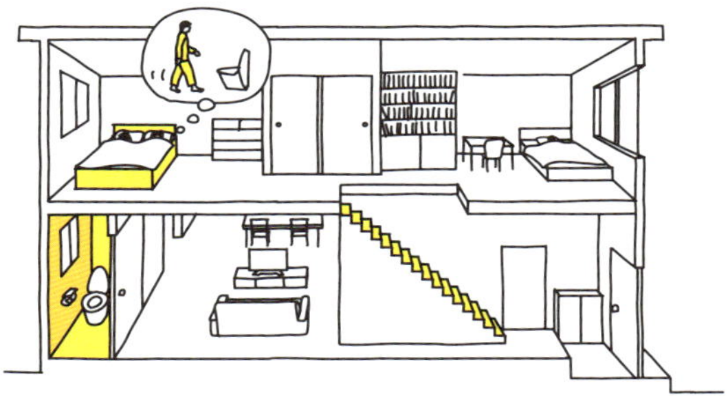

水龙头靠近热水器

用水区的布局都有一个基本的固定格局，原因之一就是“热水”。为什么水龙头与热水器的距离越近越好呢？

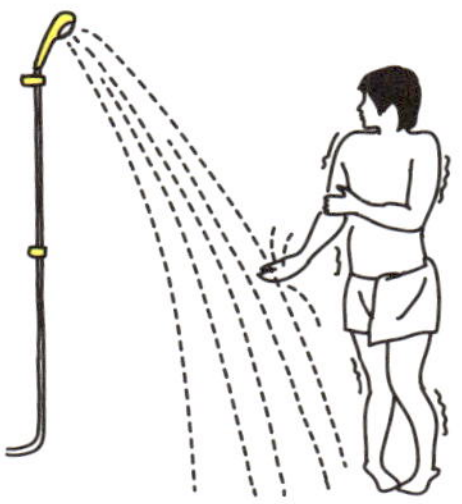

水总是不热

如果热水器距离浴室有一定距离，从打开水龙头到流出热水，要光溜溜站着等好久。盥洗台与厨房也一样，最好一开水龙头就有热水。

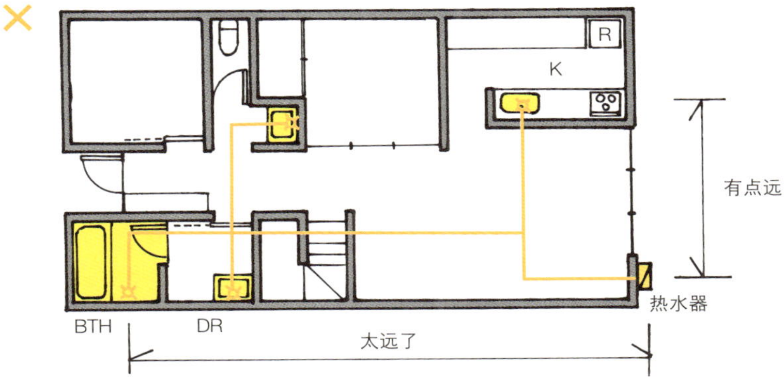

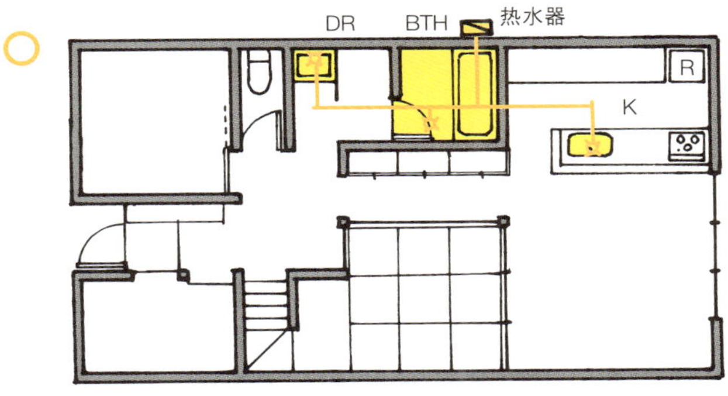

如果用水区无法集中安排，建议再装一台热水器。

如何拉近洗衣机与晒衣处的距离？

轻松家务动线的点睛法

通常所说的“轻松家务动线”就是缩短厨房与洗衣机的距离，提高做家务的效率。确实如此，最近将洗衣机安排在厨房附近的设计案例越来越多。何不索性将洗衣机搬到晾衣处附近呢？

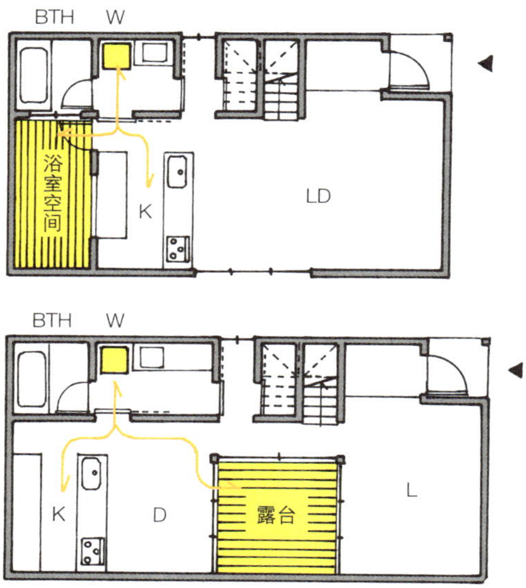

利用浴室空间与露台

如图所示，将洗衣机放在厨房附近且靠近晾衣处。在浴室与盥洗台附近设计出一个“浴室空间”，可以在这里晾衣服，或者在厨房附近设计一个小面积露台。这两种方法都可以缩短洗衣到晾衣的距离。

盥洗更衣室

用水区的盥洗更衣室中也非常需要收纳空间，除了洗衣剂，还有晾晒毛巾、内衣的衣架，如果衣架放在别处，临时去拿费时费事。盥洗更衣室需要一个高 1800mm 以上、宽 800mm（不到半间）的收纳柜。

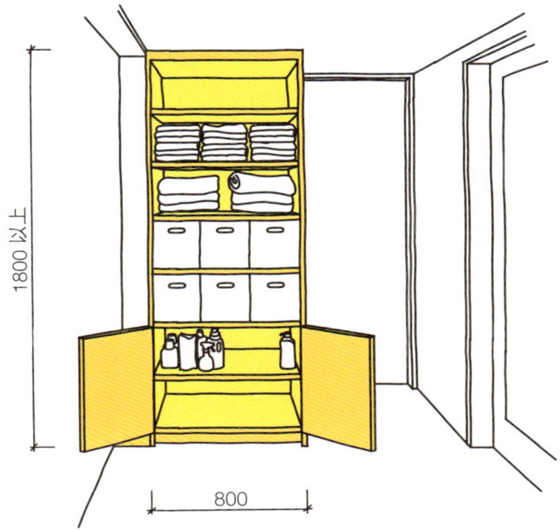

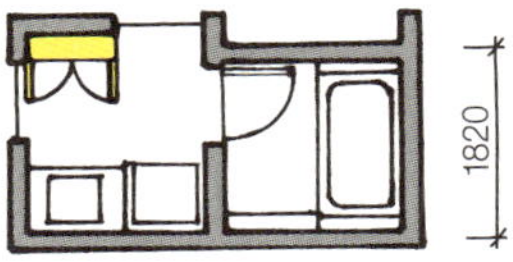

如果再有室内晾晒处就完美了

在放置洗衣机的盥洗更衣室附近，如果有一个小小的室内晾晒处就太完美了。可以考虑在偏离主动线、阳光充足的支线上安装固定晾晒杆。

也可以把阳光充足且客人注意不到的窗边设为室内晾晒处。

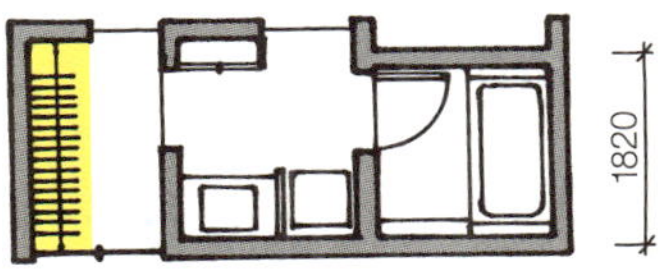

二　用水区要把握好远近的尺寸。

尺　寸

不多不少刚刚好

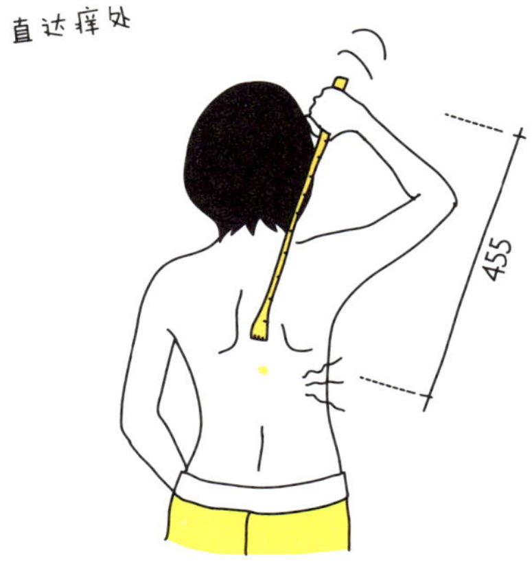

在住宅设计中被称为基本尺寸的910mm，无论从前还是现在都被广泛使用。比如说走廊、卫生间的宽度，壁橱的深度，等等，910mm是从古至今最适合我们日常生活的尺寸，堪称万能尺寸。建材也多以910mm为基准。然而，我在设计中使用较多的却是它的一半455mm。在设计大多数住宅时，我们都必须在有限的空间内，创造出最有效的收纳，而910mm这个基本尺寸太大，满足不了小空间的设计需求。

"还想再吃一点，可是一碗太多，半碗刚好"，这样的情况也是常有的。455mm这一长度可以满足一些很微妙的需求。刚好挠到痒处，也许就是它的魅力所在。

455mm的用武之地——卧室、走廊篇

我们仔细研究过平面图（格局）后，会发现 455mm 的用处真不少，比如：

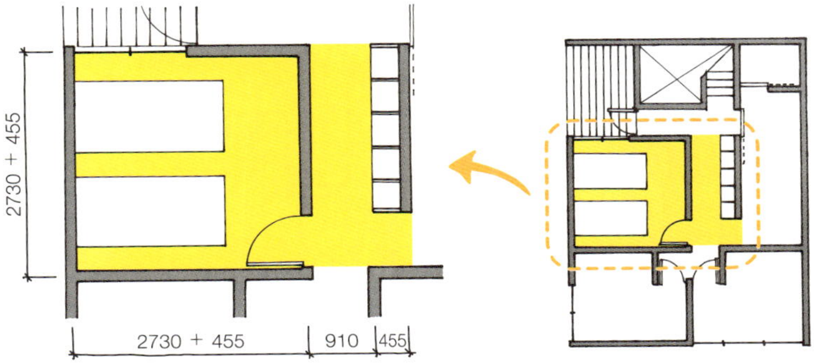

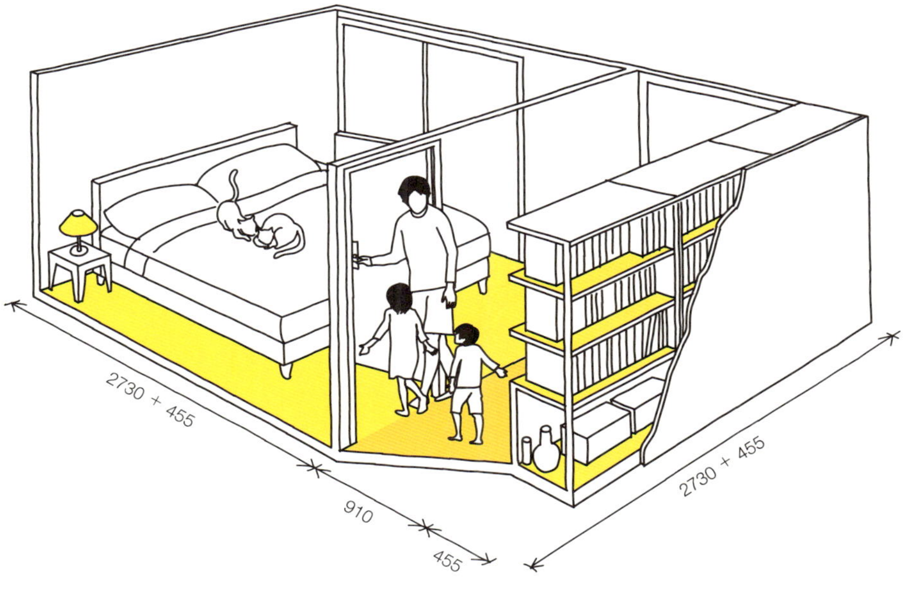

让床的周围更舒适

长 2 间（3640mm）、宽 1.5 间（2730mm）的 6 叠卧室，放上两张单人床，几乎就挪不开步了。如果宽度多放 455mm 变成 3185mm，效果就会大不相同。

想在走廊里收纳物品

如果将走廊宽度预设为 910mm，去除墙壁厚度等，只剩 770mm 左右，这个宽度通行没问题，如果再增加 455mm 变成 1365mm，靠墙一边就能放下一排收纳柜。

455mm的用武之地——餐厅篇

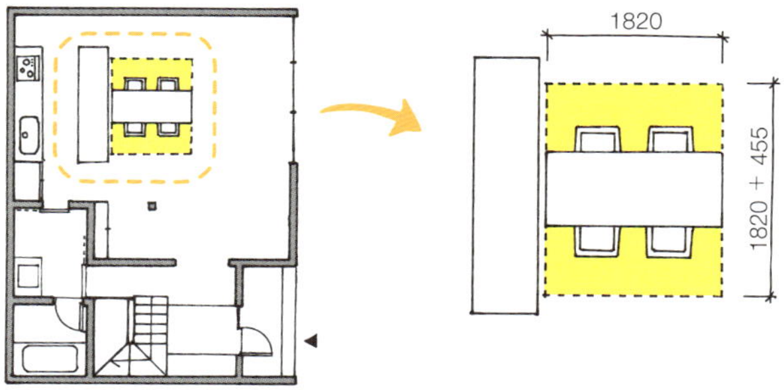

餐椅的位置可以再有些余地吗？

不同品牌的餐桌尺寸也不同，不过餐厅里如果放上一张800mm×1800mm的大餐桌，再加上几把餐椅，空间很快就被填满了。如果想从身后自由通行，只需将房间再放宽455mm，收放餐椅更自如。

455mm的用武之地——厨房篇

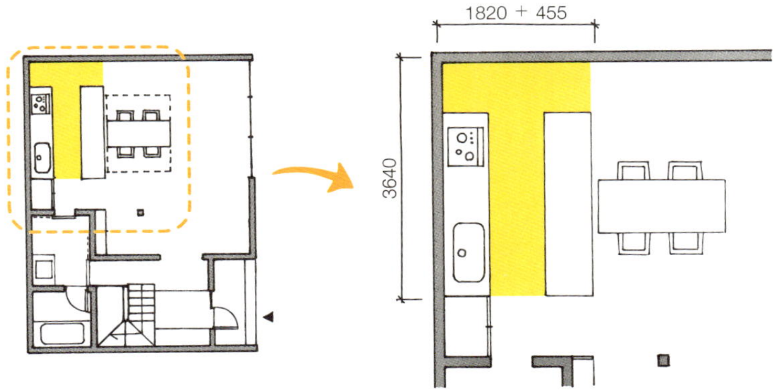

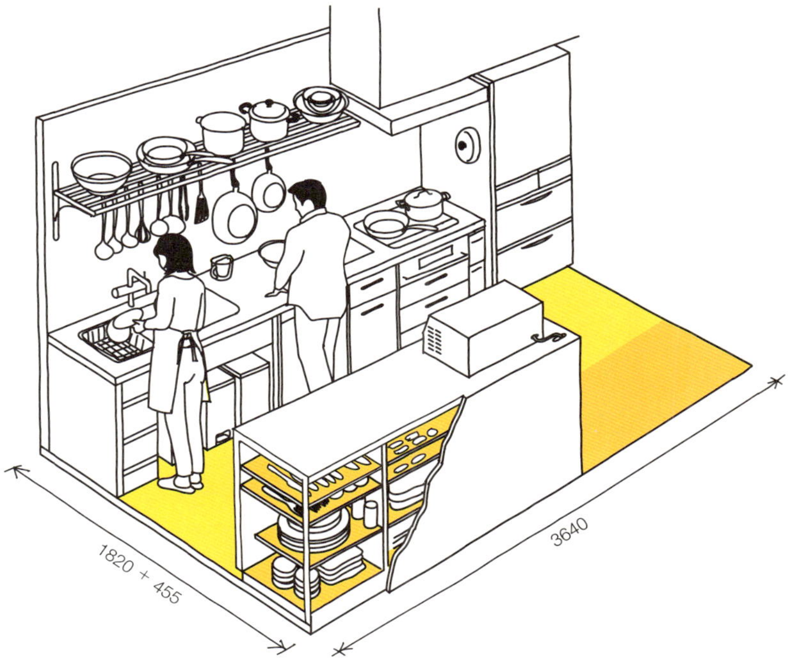

打造刚刚好的厨房

如果只是做饭，宽 1 间（1820mm）的厨房就够了。如果加上摆放餐具、食物等的柜子（通常都需要），就需要多加 455mm 变为 2275mm 才够用。如果宽度再加 455mm 变成 2730mm，就宽敞得有些“奢侈”了（大面积住宅可以考虑）。

1365mm的空间

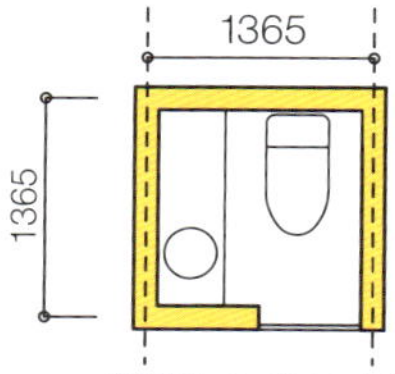

带盥洗台的卫生间

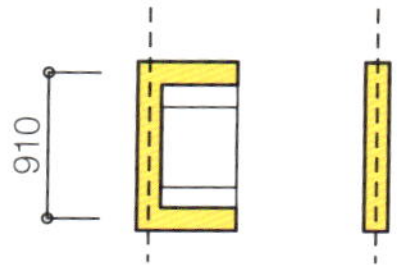

盥洗空间

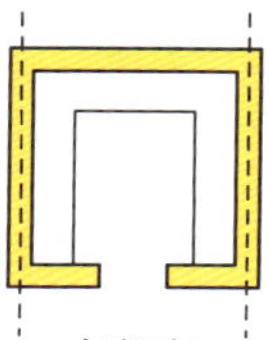
备餐室

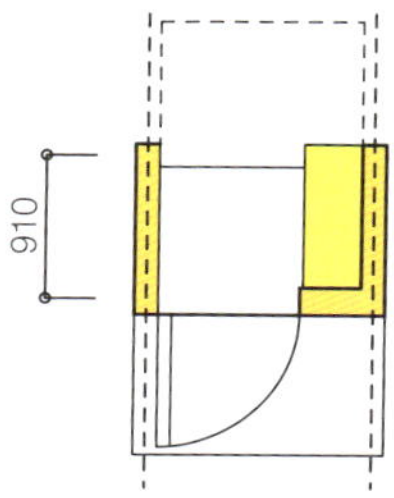

带收纳的玄关

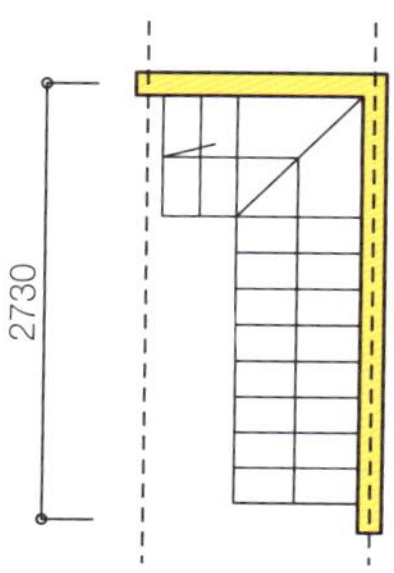

转角楼梯

910mm的空间

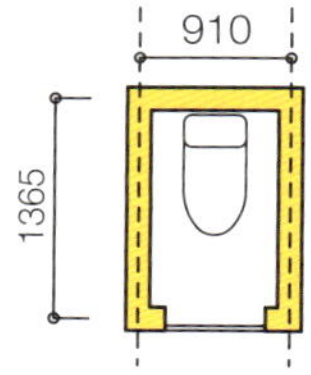

卫生间

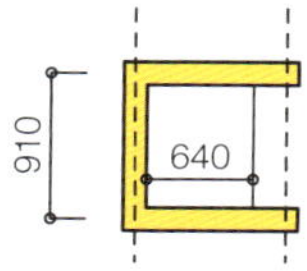

洗衣机摆放处

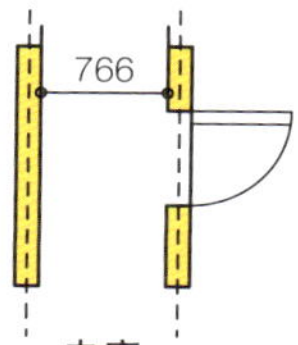

走廊

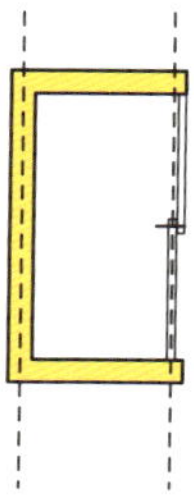
壁橱

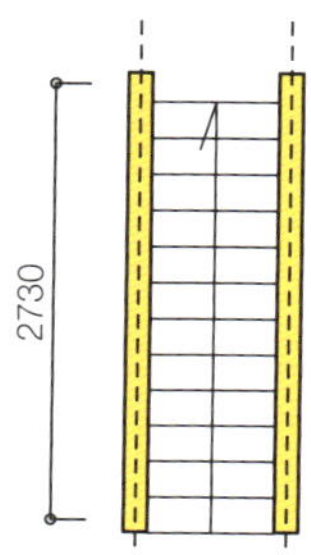

直行楼梯

构成住宅空间的标准尺寸一般就这些。按照不同大小，我们可以归纳成 4 组情况，在安排格局时可以灵活运用。

2275mm的空间

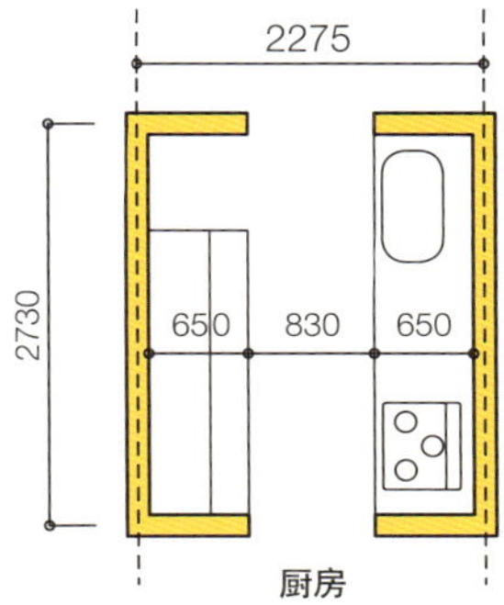

厨房

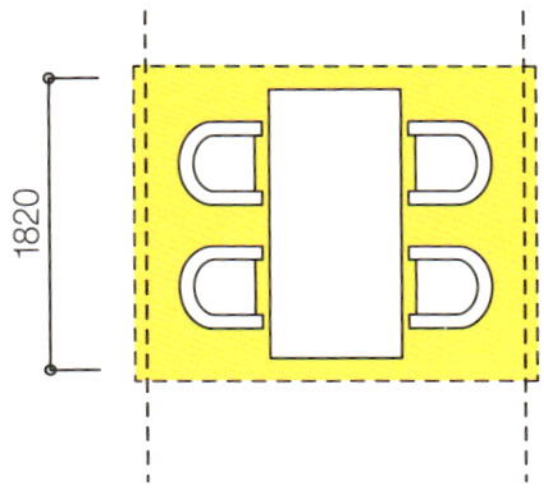

餐厅

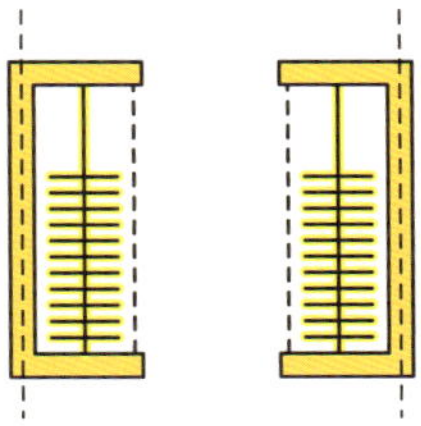

开放式衣帽间

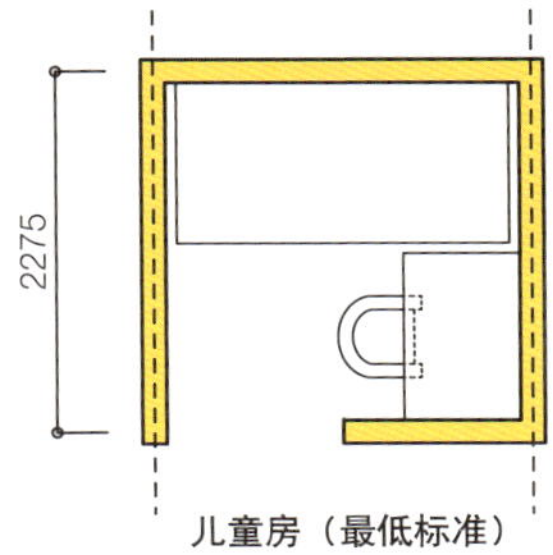

儿童房（最低标准）

1820mm的空间

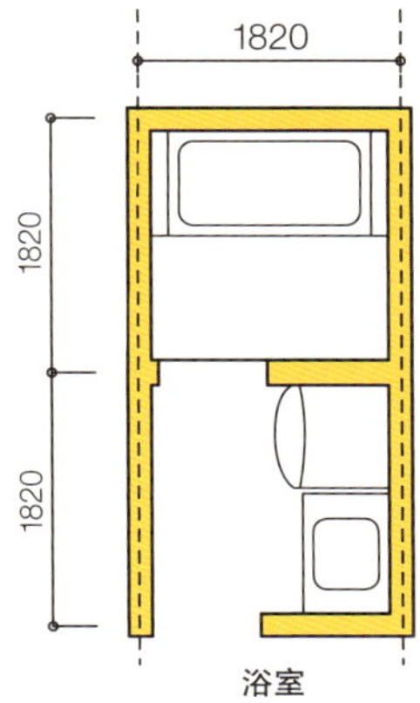

浴室

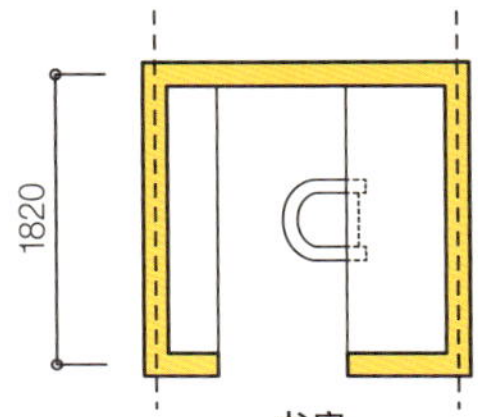

书房

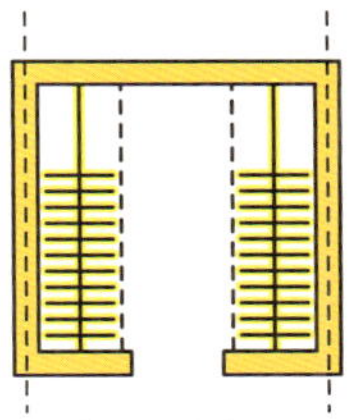

步入式衣帽间

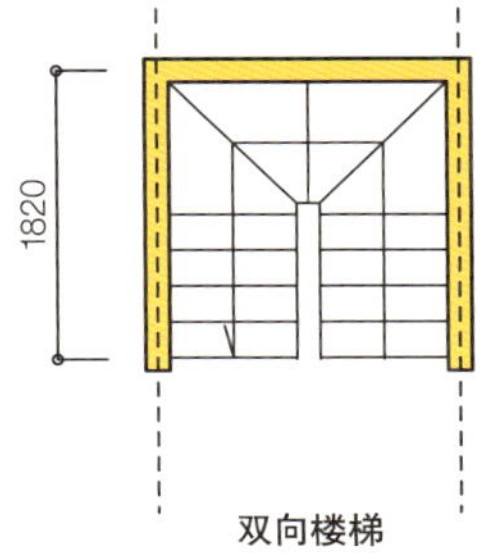

双向楼梯

= 455mm 的小确幸格局。

将常规做法贯彻到底

2 层平面图

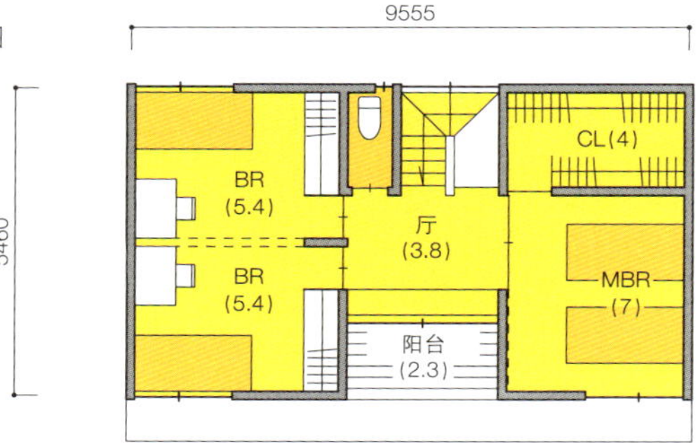

1 层平面图

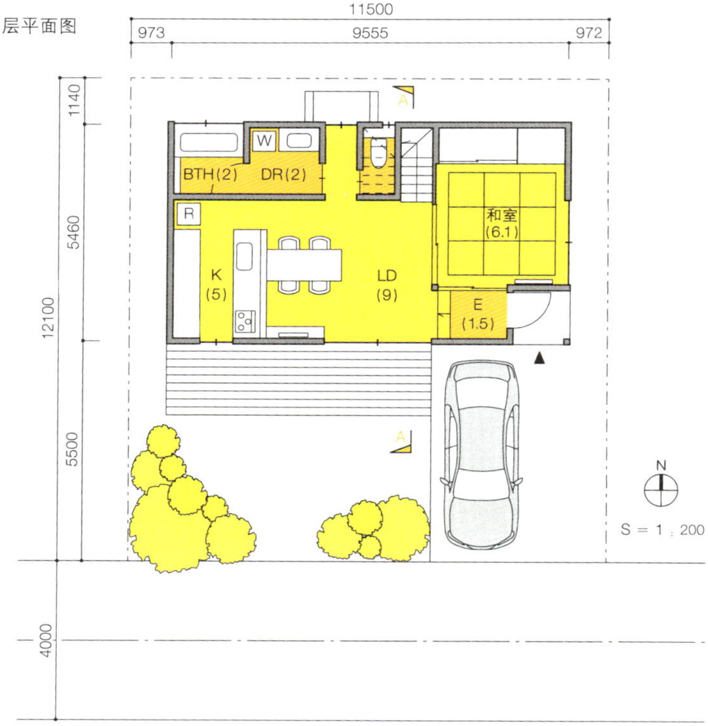

( ) 内为换算成榻榻米的叠数

目前为止所提到的“方程式”基本都是根据用地条件而选用的“常规格局”。

首先，这是一块占地 42 坪、道路在南侧的用地。足够宽、几乎呈正方形是这块地的优点。这样的案例一定会在南侧留出庭院。整个建筑呈东西宽，南北略窄的形状，庭院一旁还能停车，考虑到停车路线，决定把玄关安排在东南角。LDK 面向庭院呈直线排列，用水区也是按照常规格局，集中在北面。虽然是角落玄关，但将双向楼梯安排在中央偏北的位置，同样可以形成漂亮的四叶草动线。一上楼梯来到 2 层，迎面便是一个多用途深阳台，可以用来晾衣服。

A-A 断面图

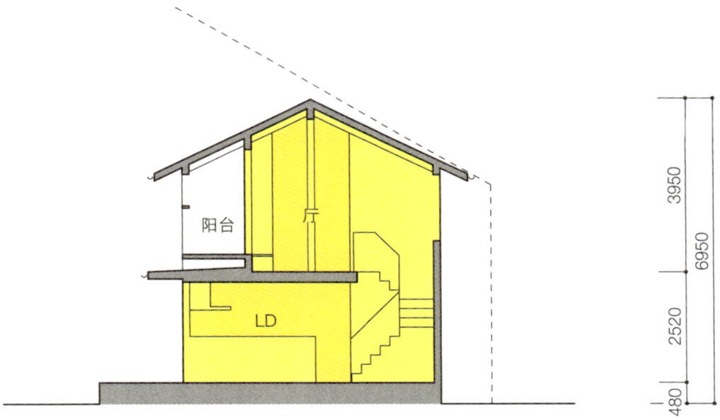

道路一侧（南侧）立面图

占地：42.1 坪，1 层：15.2 坪，2 层：15.8 坪

有关格局的标准答案

2

如果是道路在「东侧」的用地……

住宅密集地可将挑高空间设计在南面……

2层平面图

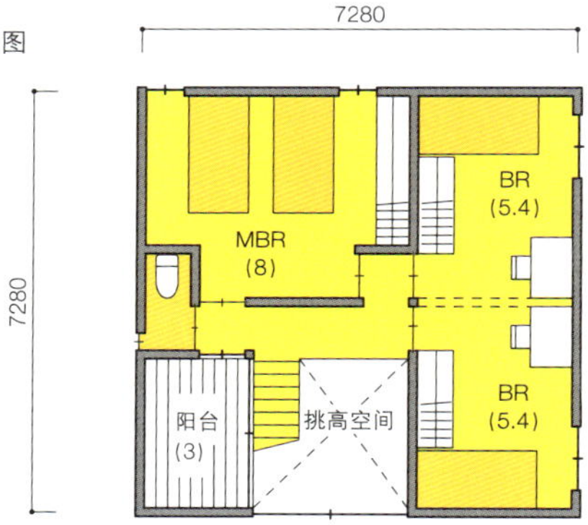

1层平面图

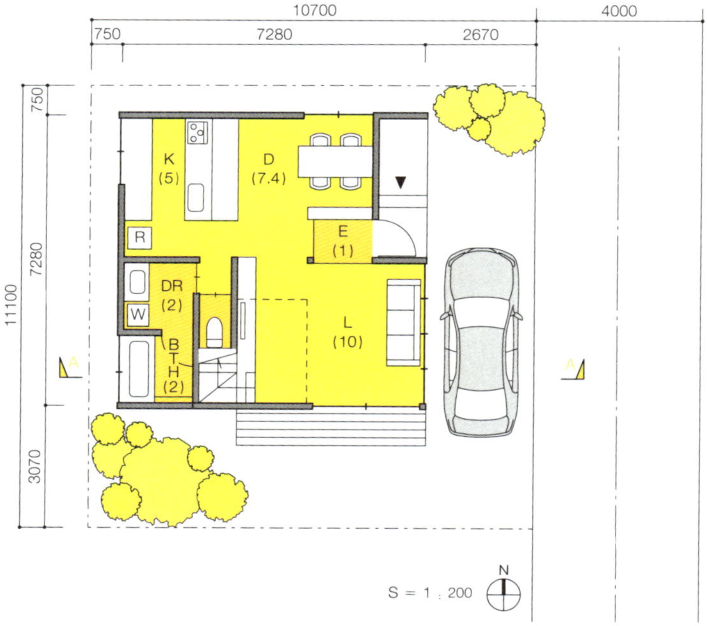

( ) 内为换算成榻榻米的叠数

这是一块占地 36 坪、道路在东侧的用地，几乎呈正方形，却有着平面图上没体现出的致命伤——南侧紧挨邻居，因而采光较差，属于必须花费力气弥补的“差用地”。

首先是停车位，选在与道路平行且不影响东侧玄关进出的位置，而用水区选在较为隐蔽的西面，从道路一侧很难窥视内部。通常，采光较差的用地，都会把挑高空间安排在中央靠南的位置，这样一有阳光就可以从挑高空间以及南面阳台的窗户照入 1 层。楼梯安排在挑高空间内。

A-A 断面图

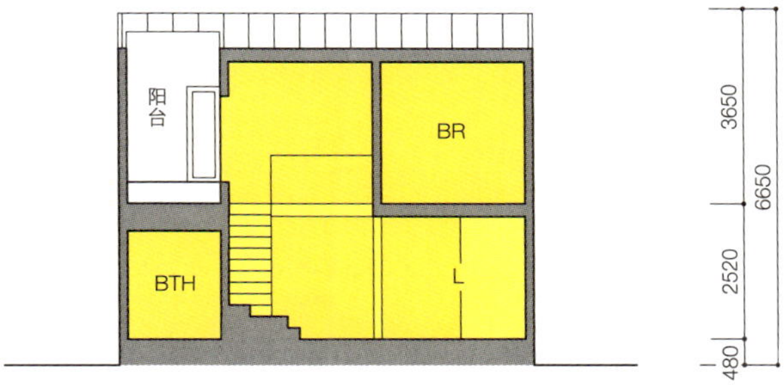

道路一侧（东面）立面图

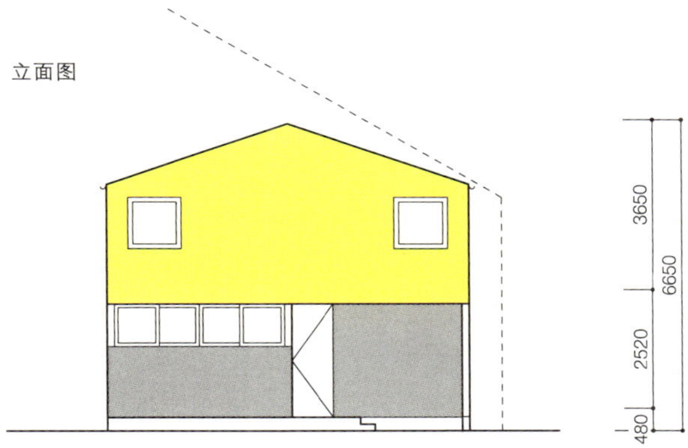

占地：35.9 坪，1 层：14.7 坪，2 层：13.0 坪

有关格局的标准答案 3

如果是道路在「西侧」的用地……

将停车位放在南侧绝对是个错误！

2 层平面图

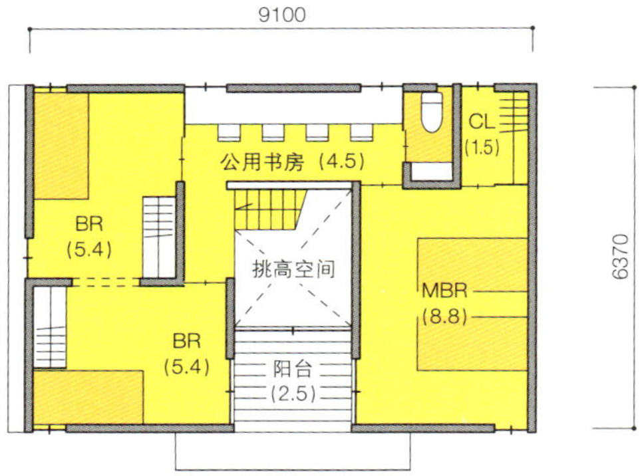

1 层平面图

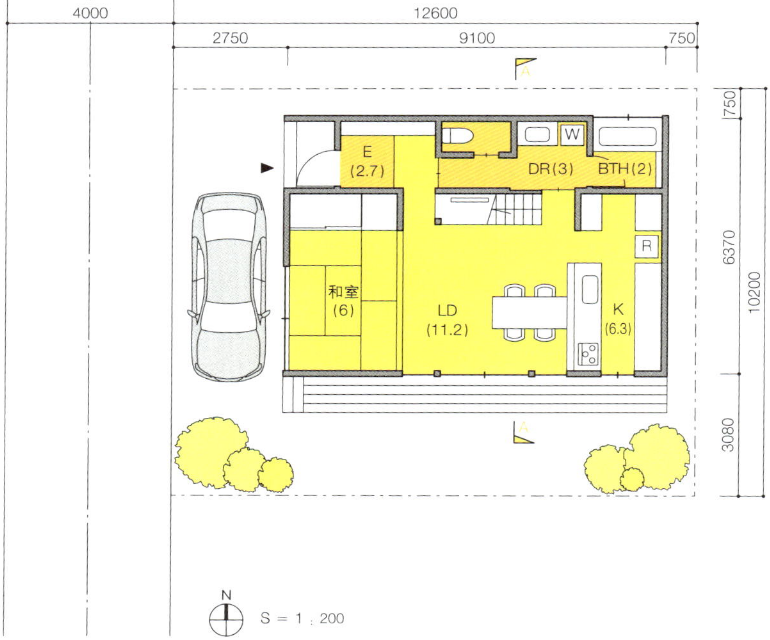

（ ）内为换算成榻榻米的叠数

这是一块占地 39 坪，道路在西侧的用地，宽度小于进深。同样，南面也紧挨邻居，因而必须在采光上下足功夫。虽然可以将建筑物安排在北侧，形成东西狭长的形状，但这样一来就得把停车位放在南侧，似乎有些浪费，这么好的采光应该留给人而不是车。于是，决定将停车位挪至西侧，公共区在南侧，玄关与用水区毫无悬念地放在北侧。只是，安排在南侧的庭院南北长度不够，无法将阳光采入室内。如果将挑高空间安排在建筑中央，就可以配合 2 层窗户将阳光引入室内。这也是一例将楼梯安排在挑高空间内的设计。

A-A 断面图

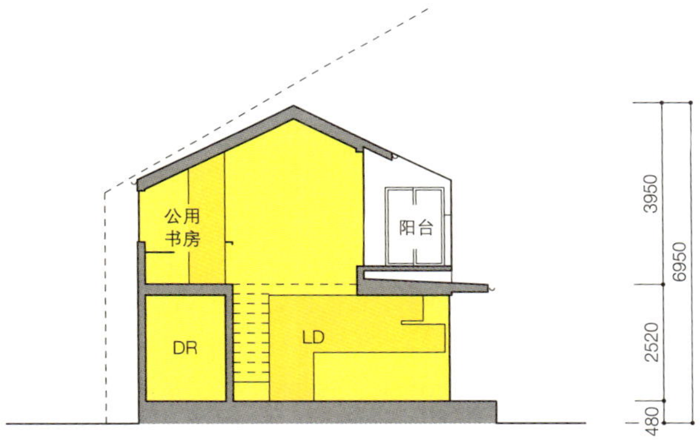

道路一侧（西面）立面图

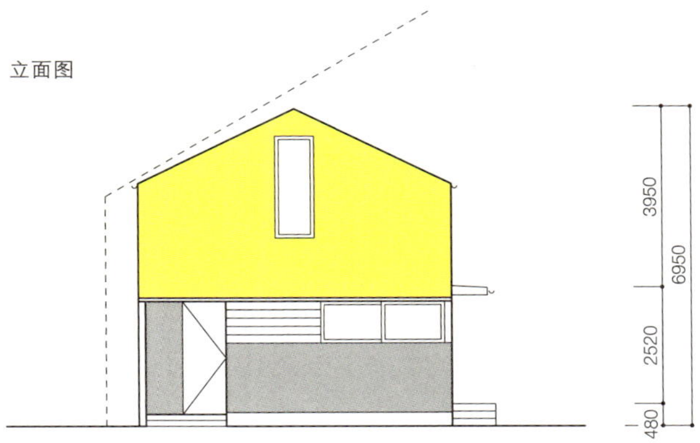

占地：38.8 坪，1 层：16.9 坪，2 层：15.0 坪

有关格局的标准答案

4

如果是道路在「北侧」的用地……

考虑把起居室挪至2层

2 层平面图

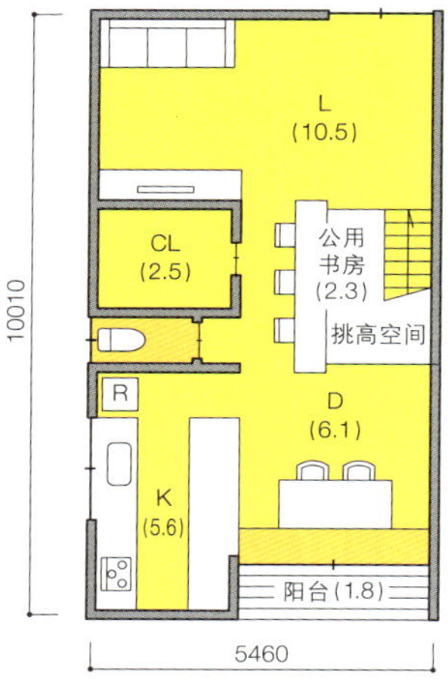

S = 1 : 200

1 层平面图

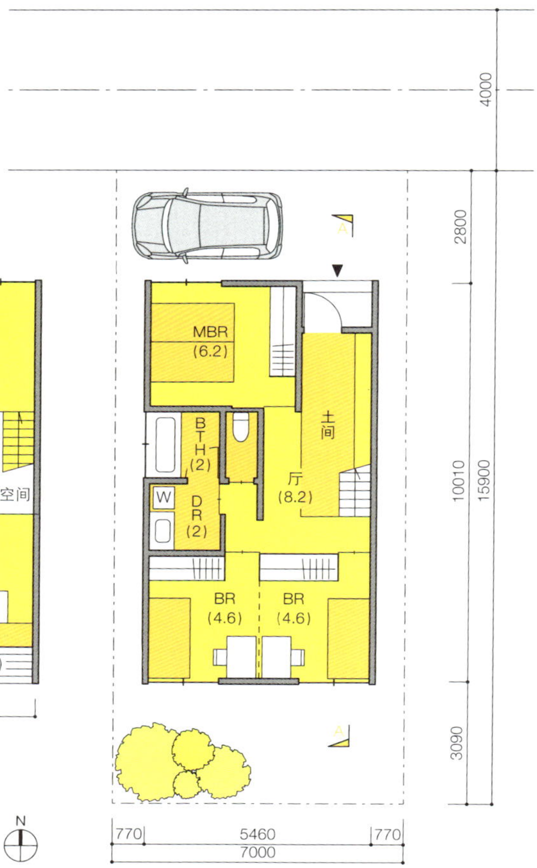

( ) 内为换算成榻榻米的叠数

这是一块占地 33 坪，道路在北侧的用地，宽度远远小于进深。按照惯例，停车位选在建筑物的北侧、与道路平行，玄关则特意避开停车位，安排在北侧另一角。用水区集中在西侧的中央区域。虽然停车位与建筑已经紧挨北面，但南侧庭院的面积依然较小。既然这里采光不太好，索性把起居室挪到 2 层。挑高空间与楼梯安排在东侧的中央区域，餐厅以南的落地窗以及挑高空间上方的高窗都可以将阳光引入室内，并经由挑高空间照入 1 层。玄关与楼梯之间设计出一个大面积的土间，自行车或婴儿车等大件物品不愁没地方放。

A-A 断面图

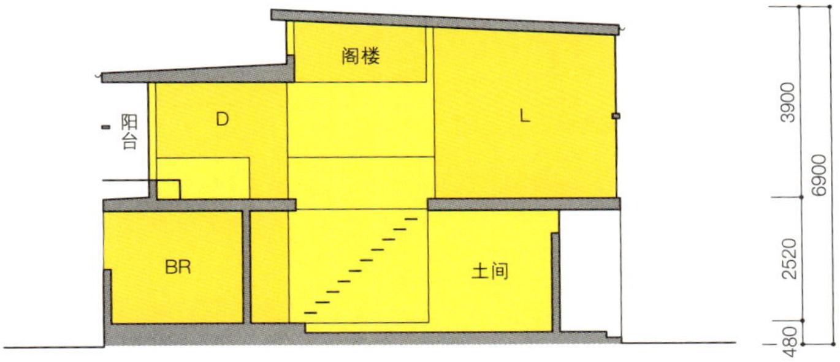

道路一侧（北面）立面图

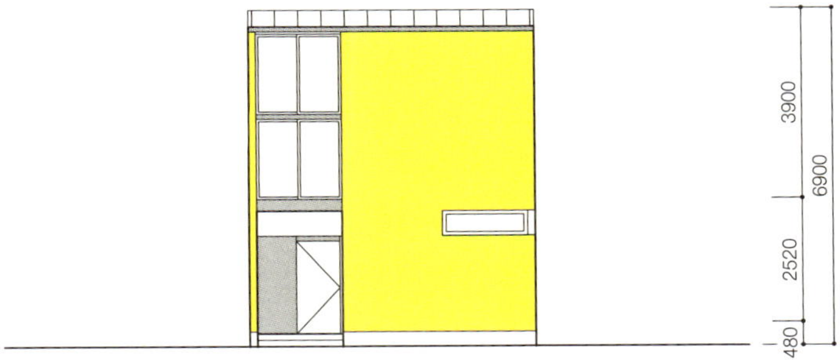

占地：33.7 坪，1 层：15.9 坪，2 层：14.9 坪

STEP 3

拿捏分寸

“设计格局时，菜鸟设计师和有经验的
设计师最大的区别是什么？”
每次被问到这个问题，
我总会毫不犹豫地回答说是“分寸”，
房间之间，室内外之间，人与自然之间，
人与事物或事物之间都有一定界限，
如果不能拿捏好这些界限的分寸，
最后的效果将会差之千里。
方寸见分寸，
说的就是这个道理。

划　分

加法？除法！

如果让建筑系的学生画住宅设计图，很多人一开始一定会画出那种房间带走廊的设计图，这恐怕是受“房间由地板、墙壁、天花板组成”的固有概念束缚的结果。

暂且不说大面积住宅，如果住户想在微型住宅中过上悠闲自在的日子，设计者应该具备“大空间内按需分隔”的观念。比如家庭成员最长逗留的 LDK 就不必细分，而关乎个人隐私的卧室和用水区可适当划分。这样处理，可以省去很多不必要的分隔墙。

做除法而不是加法的意思是：小空间不用加法，而是在确保隐私的前提下适当划分空间，这也是拿捏分寸的第一步。

有图有真相

✕ 分隔墙较多的住宅

虽然保障了隐私，
但感觉太压抑。

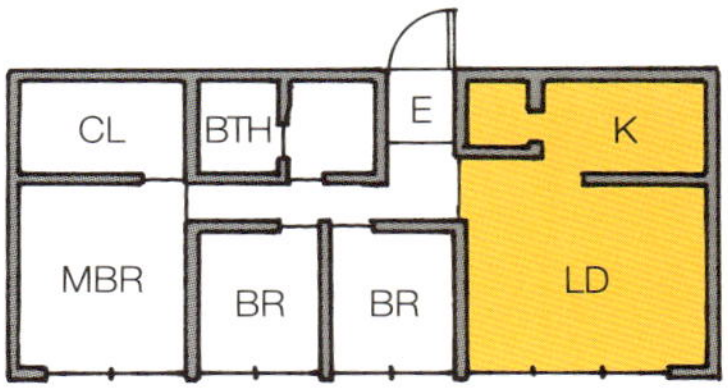

○ 分隔墙较少的住宅

明亮、开放，
仅在必要处隔开。

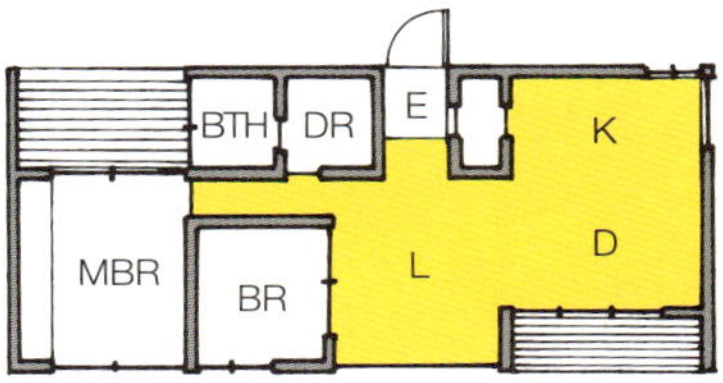

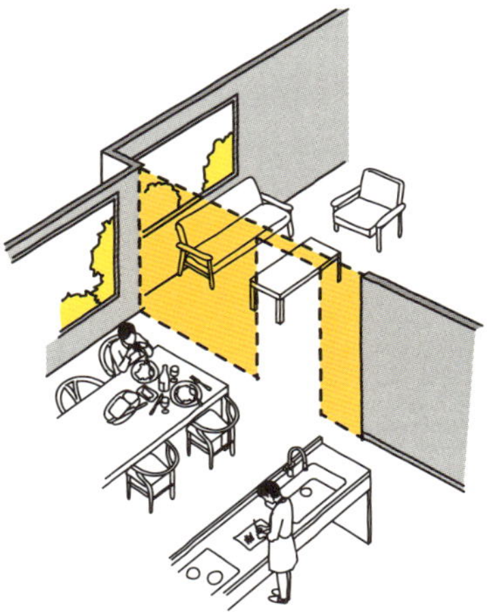

有没有不需要划分区域的情况呢？

需不需要分隔墙，完全看有没有保护隐私的需求。哪里打开，哪里关闭，大致可以分成 3 种情况来考虑。

不划分也OK的场所

LDK，多功能角

作为公共区域的起居室、厨房、餐厅不必细分。另外，用来上网的多功能角也不用隔开，还可以增加格局的纵深感。

走廊、楼梯通道使用率较低，省下这部分面积，用来打造大面积空间。

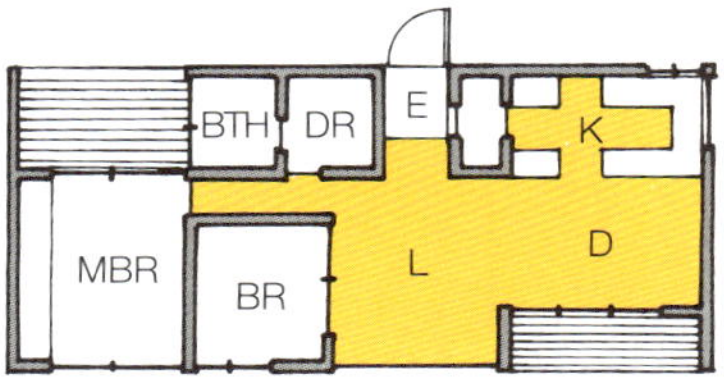

不划分会尴尬的场所

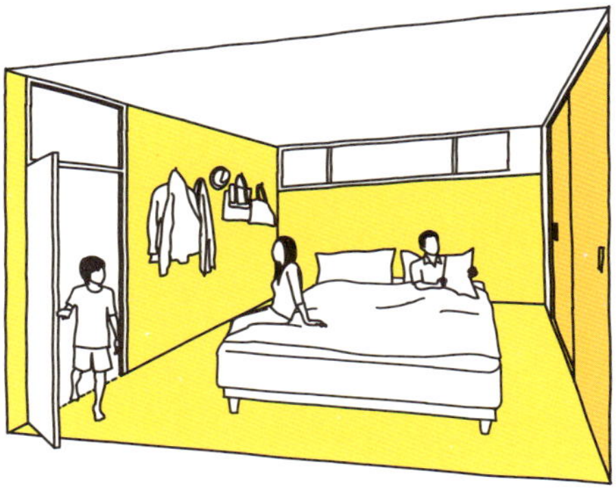

卫浴、卧室、收纳间

盥洗更衣室、浴室、卫生间及卧室，从听觉、嗅觉到视觉，甚至温度等方面需要注意的事项太多，所以需要用分隔墙来隔开。只是，完全密闭太闭塞，动线、设施的安排又必须考虑到。对于那些杂物多、难收拾的家庭，如果合理隔出收纳空间，生活会变得井井有条，其中可以展示与不能展示给外人的部分要事先加以区分。

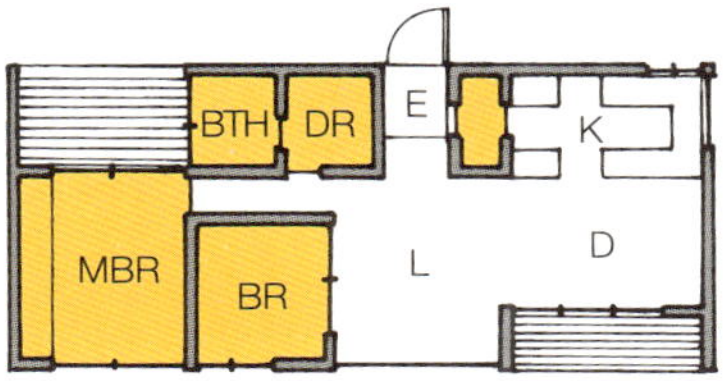

房间？局部一角？

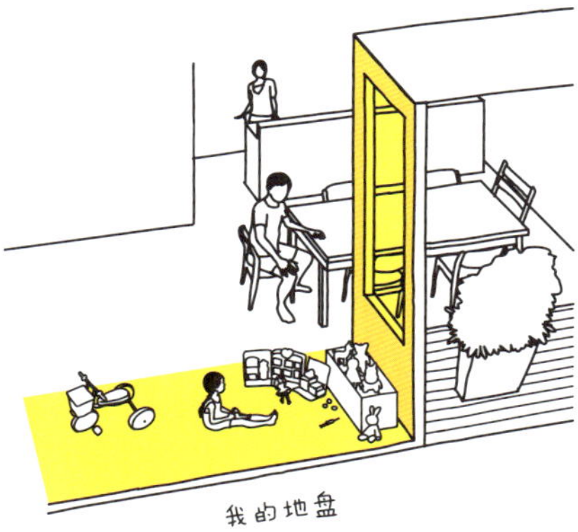

儿童房？儿童角？

儿童房和书房既可以隔成房间，也可以隔成一个区域。半开放式的儿童角或书房一角都不错。考虑到孩子会逐渐长大，以后再隔成独立房间也不失为一个灵活的办法。孩提时代的儿童角一定会给孩子留下很多美好的童年记忆。

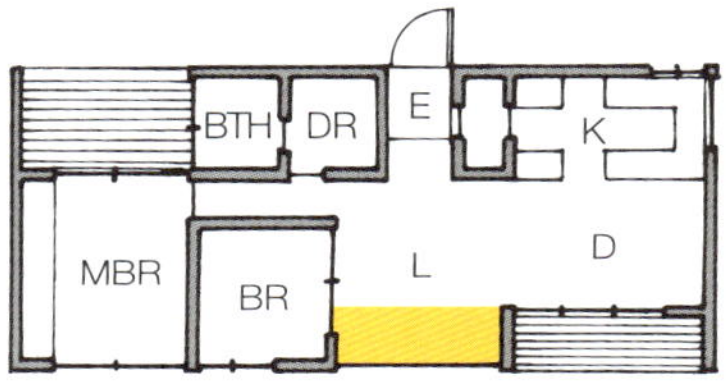

移门用透明度区分

移门可以代替分隔墙，也可以根据场合选择开启或关闭，如果用“透明度加以区分”，还能体现更细腻的视觉效果。

化解尴尬的不透明移门

不透明移门多半用在卧室及用水区等需要回避的私密场所。这里的移门肩负着墙的重任。不过为了防止忘记关灯，建议在移门上方开设小窗口，时刻提醒记得关灯。

仅仅用来遮挡视线的半透明移门

光影效果绝佳、仅仅遮挡部分视线的半透明移门，最具代表性的就是障子门。可以完全拉上，还可以察觉外面的动向，毫无闭塞感。如果在障子门的上方设计楣窗，开放感更强。建议用在和室、客厅或室内晾晒处等需要临时隔开的场所。

只用来隔音的透明移门

这是较为特殊的一个案例。透光且隔音是透明移门的特点，特别适合用在音乐室或视听室。如果对隔音效果有较高要求，建议用铝合金框，如果一定要用实木框，可以选择固定窗框的方法。

移门的更多可能性

木格子移门

木格子移门透光、通风、可以察觉动向，又有遮挡部分视线的效果，用在玄关再合适不过了。如果再配合不透明移门一起使用，可以交替切换出更多可能性。

大胆换成移动墙壁

比起移门，移动墙壁就是一扇放大了的巨型移门，只要一移开，豁然开朗。如果选用重量较轻的木材，制作过程较容易。只是时间久了木材容易变形，要事先预留间隙，防止今后移动阻力变大，使用不方便。

移门—移门—移门

同时使用多扇移门，移开后更为通畅，就像旅馆宴会厅的大通间。只要有足够的地方装下多根移门轨道，这个方案值得一试。

无分隔的前提是具备隔热性能

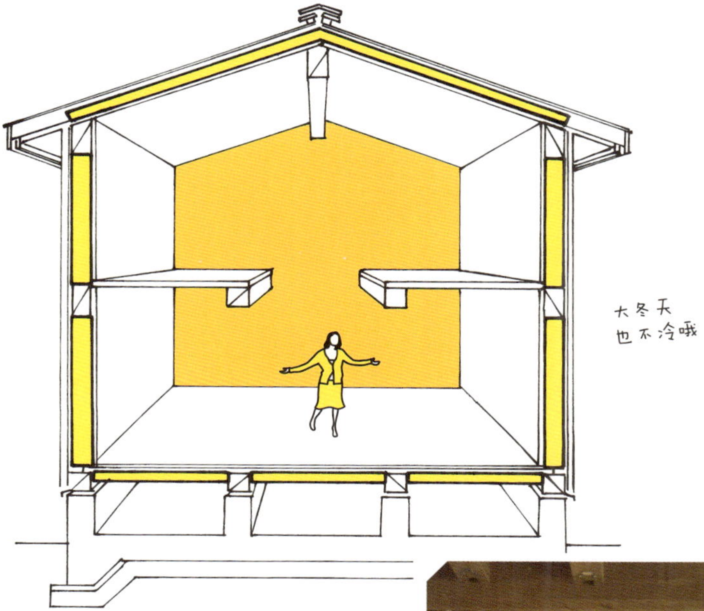

只注重外观，注定失败

举一个最极端的例子，如果一道分隔墙也没有，“整个住宅就是一个大通间”。这个时候如果没解决隔热及密封性的问题，空调就得日夜不停地工作，大大加重了空调的负荷。为了减少分隔墙而忍受严寒酷暑实在是本末倒置，所以最起码要满足“节能对策 4 级”中高密封、高隔热的要求。

二 那个隔墙真的有必要吗？

非里非外的中间地带

现在露天咖啡馆越来越多，利用店面与道路间的室外空间，摆上座位甚至遮阳伞。人们喜欢露天咖啡馆的原因很简单，这里是介于室内外的中间地带，自由随意又不失约束感。

室外并非什么都好，风吹雨打姑且不说，光是来往行人的视线就够让人不自在的，可是困在室内又太无聊。非里非外的“中间地带”就可以打破室内外各自的局限性，发挥长处。只要伸出大大的屋檐，无论雨天还是艳阳天，丝毫不会影响半室外空间的惬意与舒适。我们的目的就是要创造这样一个柔和的缓冲地带。

屋檐+缘廊的最强组合

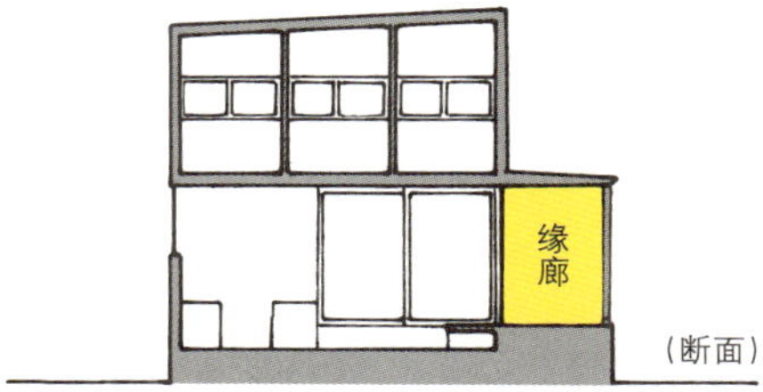

（断面）

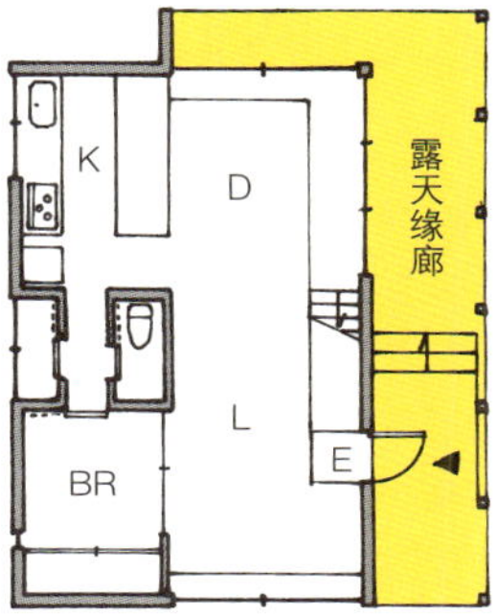

（平面）

1间（1820mm）的超赞效果

"缘廊" 就是最典型的中间地带，连接着内外两部分。通常半间（910mm）的宽度就够了，1间的宽度更是能将内外边界变得暧昧。建议缘廊上方的屋檐也采用与缘廊相同的宽度，如此一来就算身在室外，依然能感受到室内的舒适与安心。

市区住宅建议采用阳台+墙壁的形式

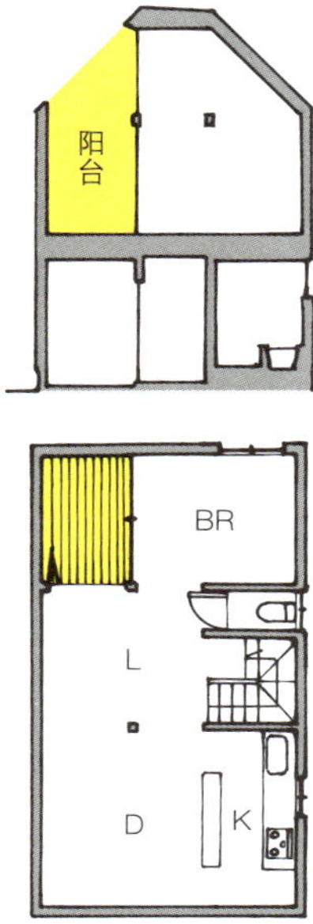

（断面）

（平面）

只要轻轻围起……

密集的城市住宅区，时刻都要遮挡邻居及路人的视线，于是半室外空间——阳台变得很受青睐。挖去豆腐的一角，再围上高墙，马上呈现出犹如室内延伸出的半室外空间。

亮堂的土间有什么不好？

只要改变地板材料……

从古至今，土间就是半室外空间的典范。只是，用地狭小的住宅根本无法拥有真正意义上的土间。这时，我们可以将室内的地板材料改为石料或地砖，形成与室外连接的“土间般的空间”。将室外氛围带入室内，身在室内也能感受到室外的氛围。

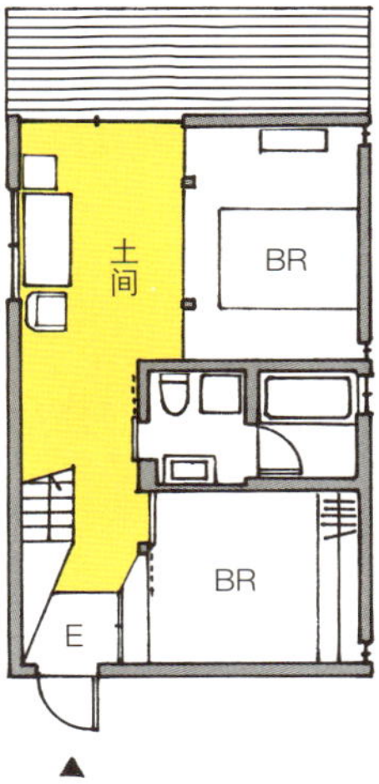

通常会将土间划归室内空间，所以不列为可穿鞋进入的区域。

室内外相互融合才是好的空间设计。

视　野

开阔视野带来安心感

“减少分隔墙”“丰富中间地带”，做到这两点，家里的格局便会焕然一新、告别平庸。索性放开手脚，把这两方面统合整理，创造出更为鲜活灵动的格局来。这就需要打开“视野”，视野指的是目力所及的空间范围，如果可以透过窗户看向远方而不受任何阻挡就太完美了。

通过好的设计让我们的家通透明亮吧！通风、透光、视野开阔多么令人心旷神怡，连分隔墙都拆了，又怎么能输在“视野”上？所以，当我们决定建筑物的格局时，最好把视野问题也一并解决了。

畅通无阻

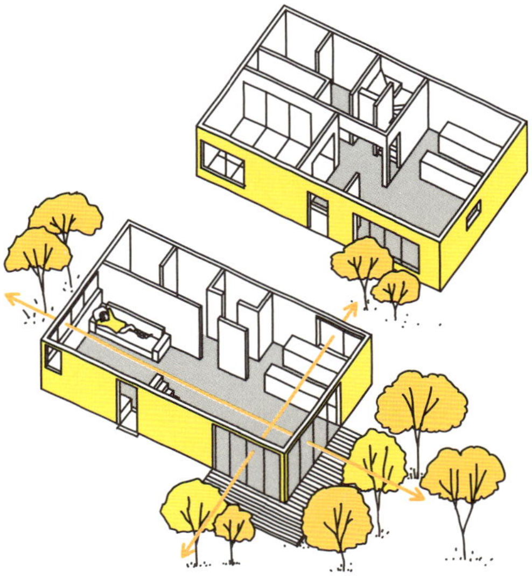

我个人对“开阔”的定义是：9m 以内视线不受干扰。

视野欠佳的格局难免美中不足

就算分隔墙少了，如果没法看到室外，同样令人窒息。无法与外界交流是影响舒适度的一大要因。

视野开阔带来的爽快感

只要调整室内格局，完全可以做到一眼望向远方而不受阻挡。通常，起居室、餐厅比较容易做到一览无余，再多设计出几处视野开阔的亮点，整个住宅将会更舒适。

把空间分为功能区与空旷区

以长方形的短边为基准，将屋子分成两个部分，可以确保视野不受阻挡。

一部分是用水区、卧室及收纳等有固定作用的“功能区”，另一部分则是畅通无阻的“空旷区”。只要按照这个标准划分，自然会形成开阔的视野。

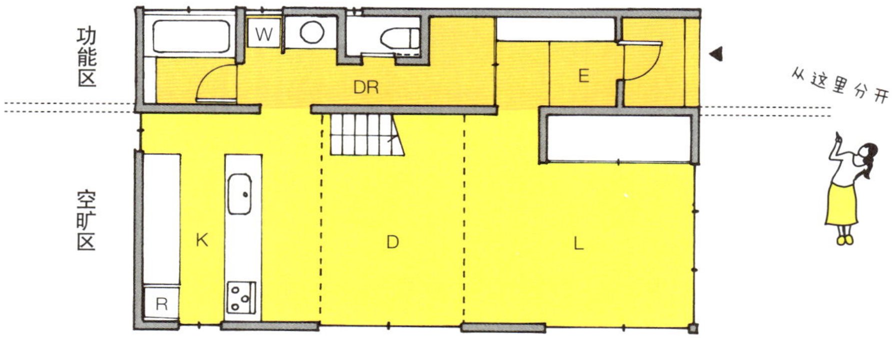

I 形以短边的中心为分界点

平面为 I 形或部分凹凸的 I 形长方形住宅，视野路径保持与长边方向一致。其余房间分布在视野路径周围，就像是沿街的店面。

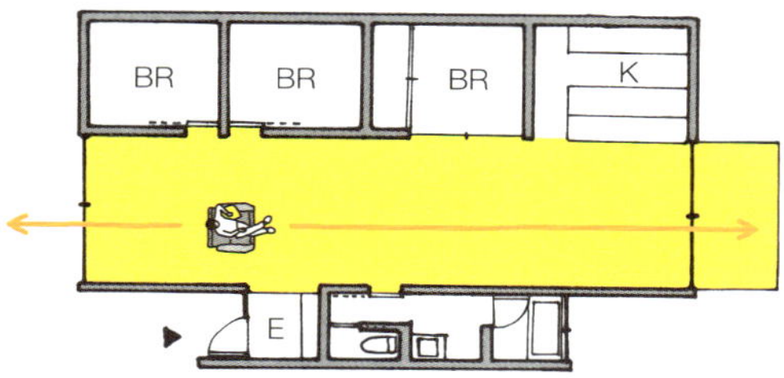

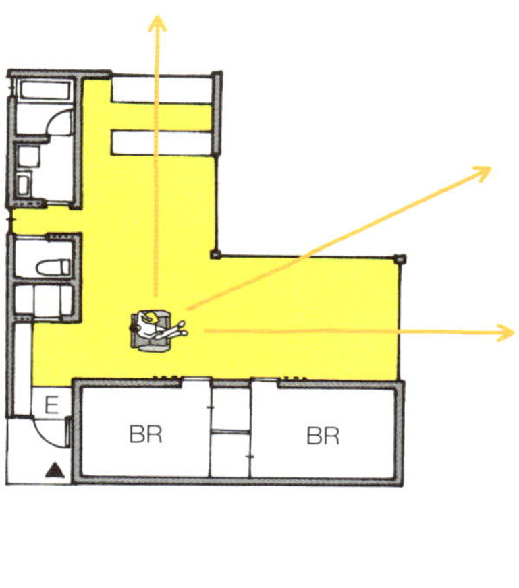

L 形、コ字形以及ロ字形以内侧为基点

平面为 L 形、コ字形或ロ字形的情况，要根据房型原有特点以内侧为基点，留出视野路径。在“内侧空开，外侧安排房间”的前提下设计格局，这样一来也能自然分隔功能区与空旷区。

点睛之笔——窗户

设计格局时考虑周围环境

好不容易设计出完美的视野路径，窗外美景只是邻居家的墙壁就太煞风景了。窗户一定要连接自家“空旷区”或外界有景观的地方（包括邻家庭院）。最初考虑大致布局时，就要先把窗户位置考虑在内。“视野路径的方向”也应该在设计之初就考虑。

索性舍去整面墙

窗户如果在视野路径的延长线上，索性把整面墙一起去掉，开阔度一定成倍增长，宛如筒状的视野空间。

额外加分的景观窗

想必大家一定听说过“景观窗”。景观窗是借景入室的一种手法，有的甚至把窗框设计成镜框的样子，借外面的景色来构成室内的一幅图画。通常，镜框会起到烘托美景的作用。

强调开阔视野的极端做法

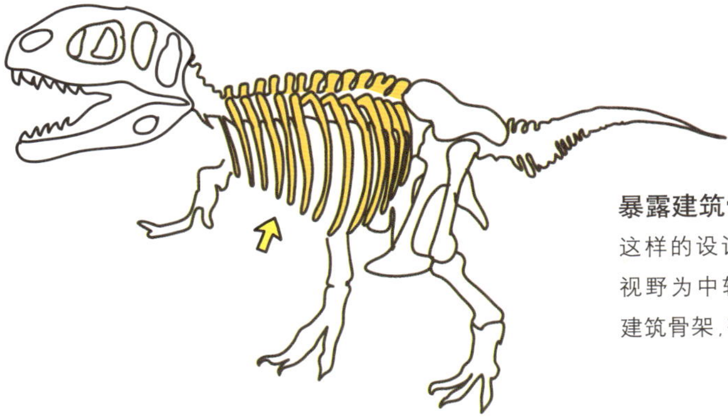

暴露建筑骨架

这样的设计比较极端，但如果以视野为中轴线，恰到好处地暴露建筑骨架，有强调“主轴”的效果。

露出主梁和椽子的“外露设计”，你觉得怎么样？

= 即使面积不大，只要将视野打开，世界就会变得不同。

休息处

休息，休息一会儿

人有一个习惯，如果突然置身于一个空无一物的大房间里，一定会马上紧挨墙壁或角落……因为无论在物理上还是心理上，墙壁总能给人以安全感。同样的道理，如果是一个分隔墙较少的开放式空间，又无处休息，会让人感到不安，真的很糟糕。这时，作为“休息处”的小空间闪亮登场。

就算跟家人同住，也会有“想看一会儿书”“想躺下睡一会儿午觉”的时候，每个人都有想独处的时候。“休息处”就是满足这些需要的空间。

住宅，仅仅宽敞是远远不够的。

休息处的两种主要形式

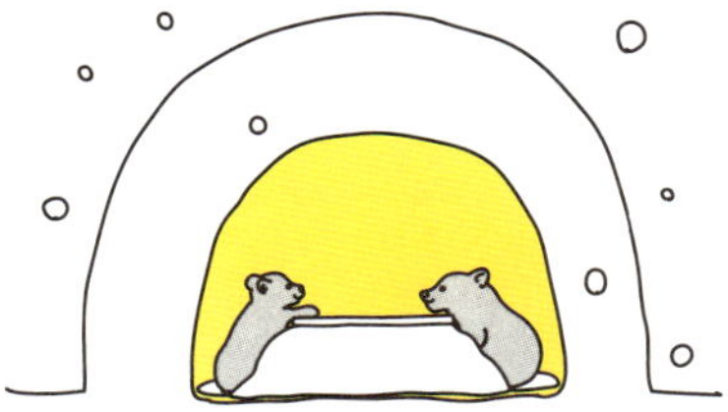

开放，却不失隐蔽

三面被墙壁围绕的凹型空间，是隐蔽休息处的基本形式。如照片所示，设计出一块卧榻，唯独降低这里天花板的高度，是不是更让人安心了呢?

让人能够稍作停留的地方

聚集人气和美景的地方最适合作为休息止步的场所。比如缘廊，大餐桌，有台阶或踏板较宽的开放式楼梯。

重点是能坐

休息处最重要的一点，是可以停留并让人感到安心、放松，因此能不能坐很关键（能躺也不错）。有椅子或沙发最好，有时候改变地板材料（做成榻榻米），也能营造悠闲放松的氛围。

打造隐蔽休息处

凹型空间，安全感倍增

打造隐蔽休息处，重点是要偏离主要动线。另外，整个房间被推进去的凹型空间，有一种强烈的“背后有靠山”的安全感，会让人驻足停留，是看书、休息的绝佳场所。感觉就像家庭餐厅里的包厢。

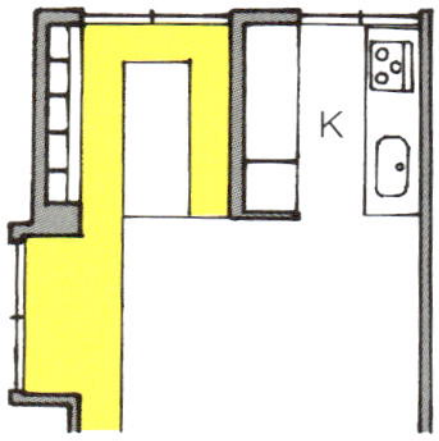

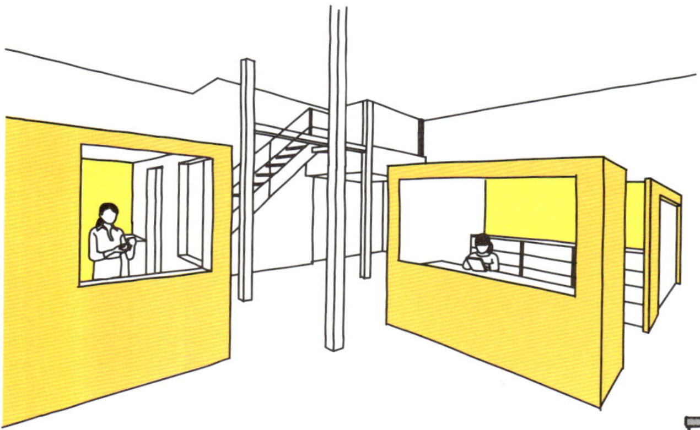

界限分明的独立隔间

比起凹型空间，独立隔间四周的分隔线更具存在感，私密性更强，就像独立的房间一样。开设大窗户，或降低分隔墙的高度，是减少压抑感的诀窍。

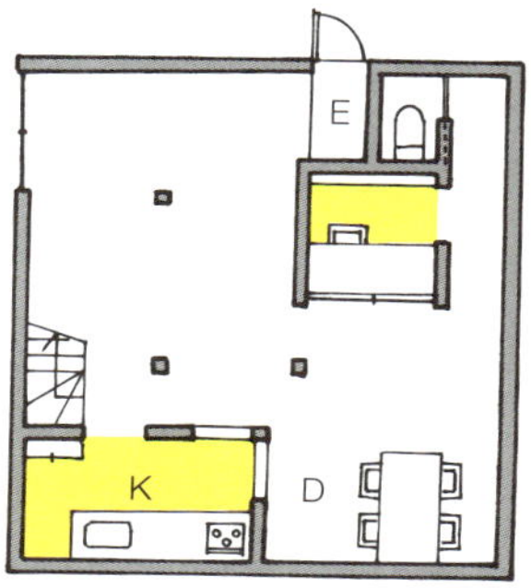

各种可以停留的休息处

大餐桌

有些休息处在格局上不需要花很多心思，比如大餐桌，只要放在那里，大家自然会围坐过来，就像鸟儿饮水一样自然。

窗边的高低差营造的空间就是室内缘廊

窗边有一股神秘的气息，会吸引大家逗留，不过仅仅是一排单调的窗户，可没有这种魔力。我们可以在窗边设计整排木凳，就像室内缘廊，感觉马上不同，让人一坐下来就舍不得离开。

楼梯屋顶下的空间

如果休息处有屋顶，更能强调空间的存在感，让人不愿离开。从楼梯下方往上看，楼梯就是一个天然的屋顶。通常这里可以用作卫生间或收纳空间，用作休息小坐的地方也不错。

= 身心的归属之地。

回　路

欲速则不达

众所周知，欧美住宅的主流设计是每个房间都有门，房间与房间之间通过走廊相连。而在日本，特别是普通民宅，都喜爱用移门作为房间之间的隔断，走廊也是能省则省。没有走廊，拉开 A 房间的门，隔壁就是 B 房间，从 B 房间还能去 C 房间。

这样的动线称作“回路动线”，虽然是完整的回路，但绝对不会绕远路。不仅如此，合理安排后甚至可能是捷径。比如厨房与更衣室（摆放洗衣机）之间有捷径的话，做家务的效率会大大提高。

在分隔墙较少的格局中，同一房间设计两个或两个以上的出入口，自然就形成了一条回路动线。

好动线？坏动线？

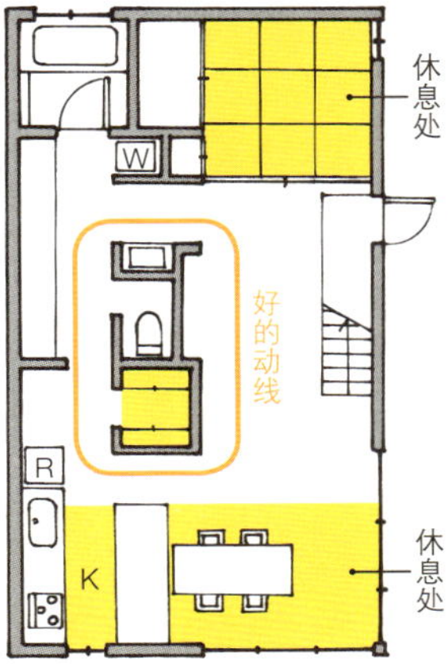

○ 路径短

如果希望休息的环境舒适安心，周围的动线要短而直接。不仅要方便，还要能确保收纳空间。休息处也能营造出自然宁谧的氛围。秘诀就是将厨房、用水区、收纳区集中分布在动线周围。

△ 路径长

整个楼面是一个大的回路动线，可以看到整个楼层的概况。但路径太长，移动起来劳师动众，家庭成员都不得安宁。

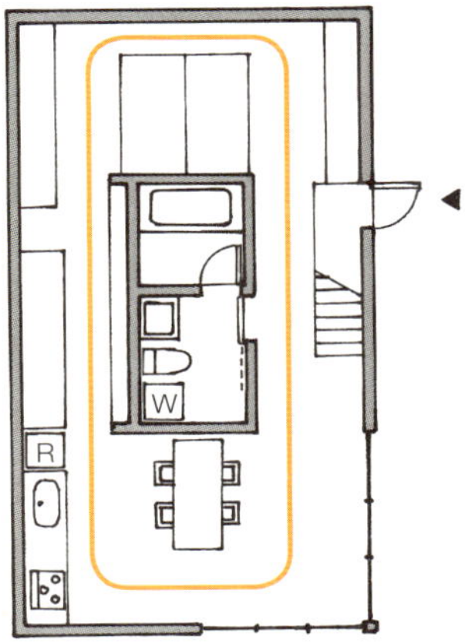

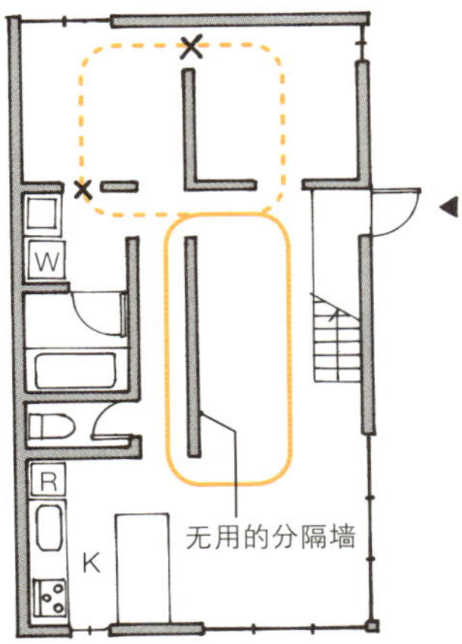

✕ 死动线

在可有可无的区域设置动线，实用性低，甚至根本不会从那里经过，丧失了动线的意义。有人甚至会为了动线而特别设计一道无用的分隔墙，简直本末倒置，这也是房间变小的直接原因之一。如果事先不想清楚，设计出这样的“死动线”，格局设计恐怕只能以失败告终。

设计动线要有计划

○ 兼备便利性与收纳力

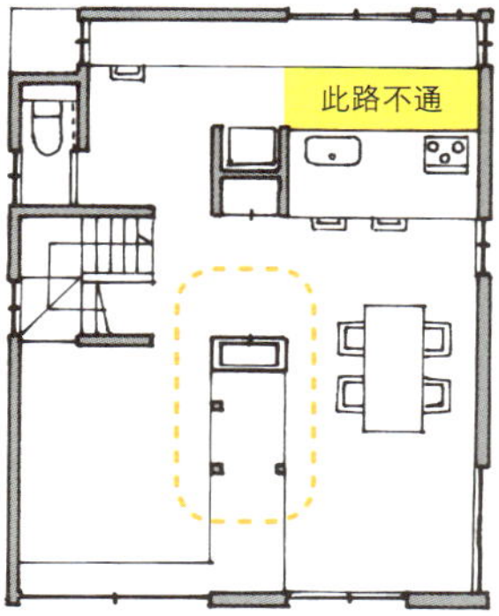

将“死路”安排在厨房内侧

× 动线过多却无处收纳

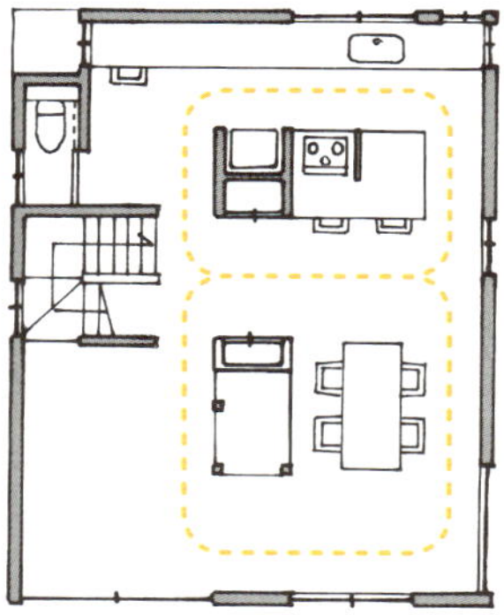

电磁炉、水槽要放哪里？

欧美的住宅设计常以走廊作为房间的连接，每个房间的死角都用作收纳东西的空间，确保了私密性。而在有回路动线的格局中，如果不是有计划地设计，收纳与隐私很难兼顾。这就像孩子们嬉笑奔跑让家人愉悦，可一不留神也会让人不得安宁，是一个必须注意的问题。

捷径要安排在这里

厨房，洗衣机，衣帽间组合

很多时候，设计动线的目的是为了做家务更轻松。如右图所示，让厨房，洗衣机，衣帽间连在一起，能让做家务变得更顺手、方便。如果衣帽间面积较大，可以将烫衣板放在里面。

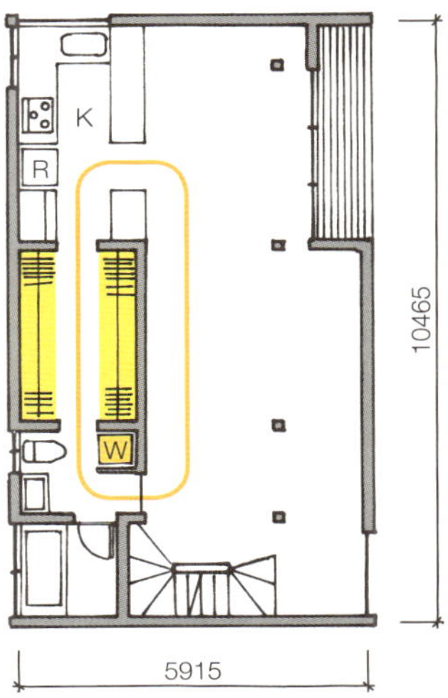

谁说动线只能有一条？

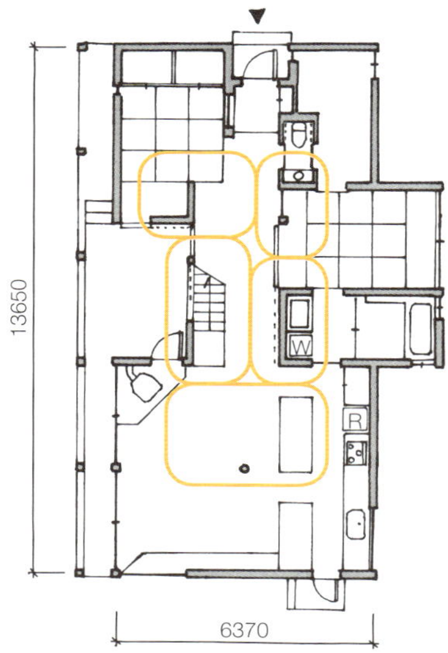

到所有地方都力争最短距离

有多条动线也无妨，移动路线的选择也会增加，只要到达目的地的距离最短，做起家务就会更有效率。不过，别忘了保证休息空间。

通到室外也未尝不可

经过阳台的回路

这是一个比较特殊的例子，动线竟然经过阳台，阳台夹在厨房、餐厅与起居室的中间。两个空间的距离很近，但因为“阳台”的介入，让人感觉两个空间之间有一定距离，当然优点是两个空间互不干扰。

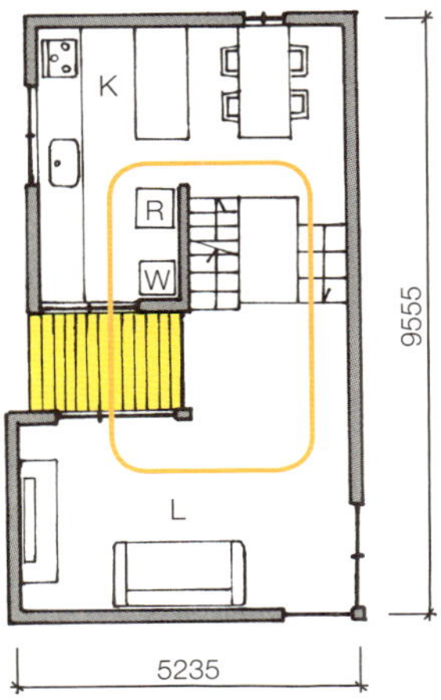

去外面透透气

二 处理好动线与休息的关系。

深　度

有时候，有舍才有得

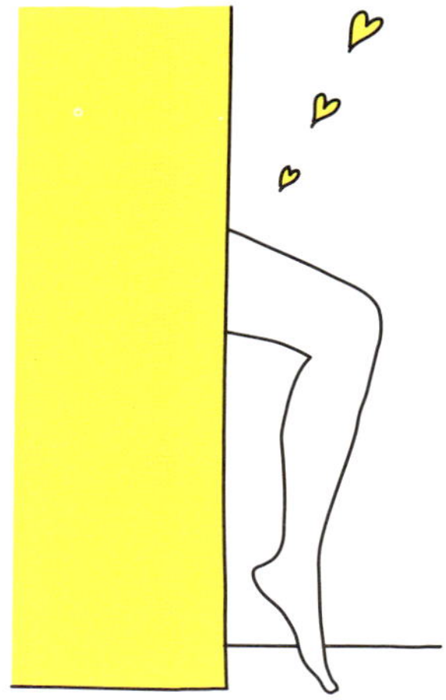

“鬼怪露真形，原是枯芒草”。这句川柳（一种诗歌形式）的意思是“人在不了解整体的情况下，很容易高估对方”。

如果想让空间比实际面积看起来更宽敞，可以利用这种“高估对方”的微妙心理。即便是4叠半的小房间，不看到全部，也会产生“咦？里面是不是别有洞天？”的错觉。我们舍去一部分可视范围，其实是为了营造更好的纵深感。

如果在墙壁等处有意识地设计死角，就能营造纵深感。平面为L型的房间，自然就会产生一个死角。特别推荐狭窄用地运用这一技巧。

用L型来阻挡视线

死角与光线

营造纵深感的过程：

①做出无法看清前方的死角

②由死角向外引出光线

最容易实现的就是L型住宅。如果是四边形平面，可以通过分隔墙人为地阻挡一部分视线，达到和L型相同的效果。此外，要从死角由内向外打光，这样更容易让人对"未知空间"产生期待。

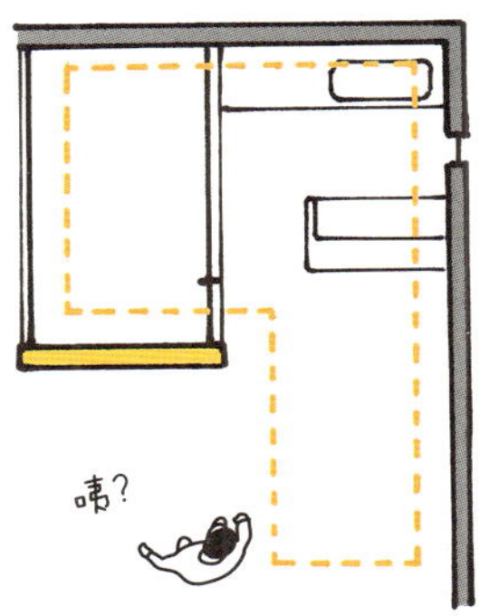

H型平面都是死角

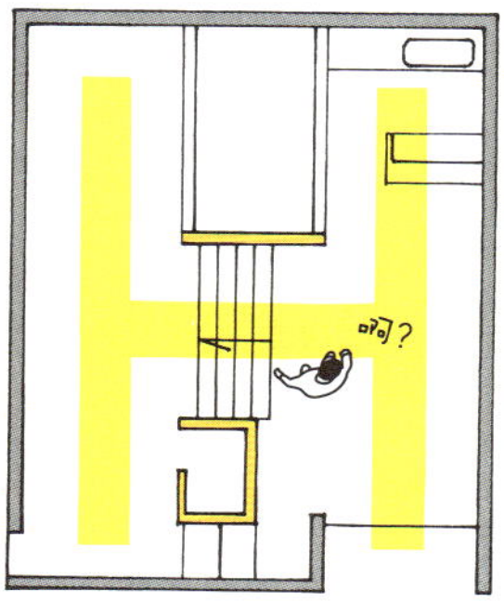

再试着改变地板高度

两个 L 型组合就能形成 H 型平面，抑或是在一个宽敞的长方形平面内加一道分隔墙，同样也有近似 H 型平面的效果。照片中还将一侧地板抬高（形成跃层），楼梯则选用镂空板，以此强调纵深感。

通透＝纵深感的错觉

加上格栅

请看上面两幅插画，同样的鸟，加上竖线后就感觉离我们远一些吧？在死角处加入格栅，会给人里面还有很大空间的错觉。如果能让光线穿透格栅，效果更佳。

使用中空 PC 板

照片中的卧室与书房之间用中空 PC 板隔开。当然，为了让室内显得更宽敞，可以撤掉隔板，但加入半透明中空板，视觉效果可能更有趣。“通透墙面”也能产生纵深感。

＝ 雾里看花才是“精髓”。

窗　户

发现“窗框法则”！

窗户可以改变风向、采光角度，还能调节室温。可是，很多人在格局确定后才想起“在这里开一扇窗吧”。窗户的位置应该与房间格局同步，甚至要更早就确定。并且，窗户“不就是在墙壁中央挖开1820mm吗？”这种旧观念很普遍。仅仅是抛弃这些旧观念，建筑物的外观也可能会焕然一新……

你一定会说：“话是没错，可实际要怎么操作？”为了解答疑问，我发现了设计窗户的重要法则，这里分享给大家，一定要取个名字的话，就叫“窗框法则”吧。

第一法则：窗户的XYZ三个方向

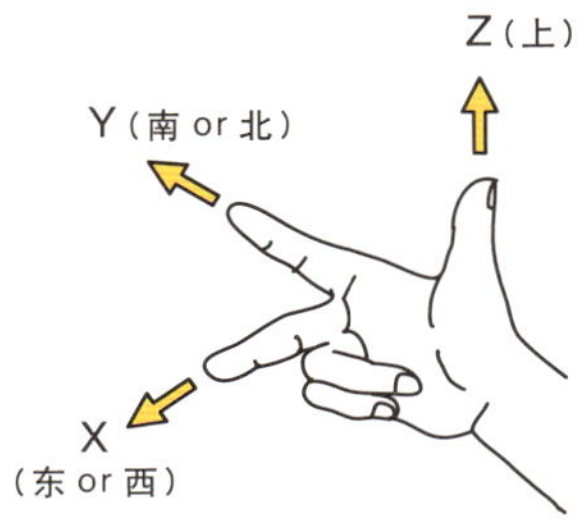

将窗户设为XYZ三大方向，这是开设窗户的第一法则。具体说就是我们在挑高空间东（或西）（X）、南（或北）（Y）以及顶部（Z）开设窗户，就能轻松设计出采光、通风俱佳的建筑物。

Z方向建议采用侧面高窗

说到Z方向，也就是挑高空间的上部，一般会联想到天窗，可是天窗会有漏雨、夏日曝晒的问题。个人建议，比起天窗，在侧墙面开设高窗更合适。

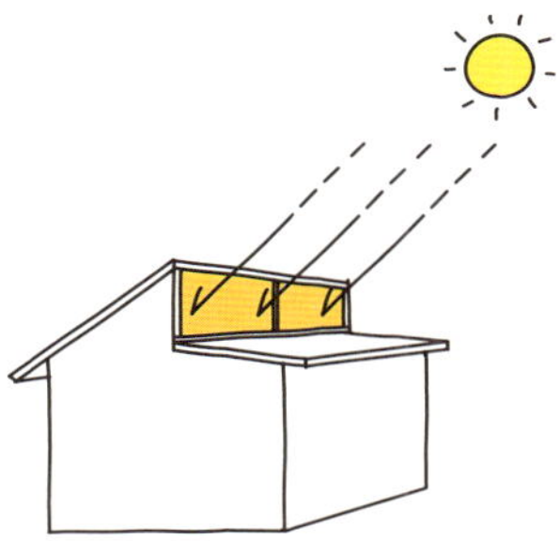

第二法则：窗户不居中

窗户不要开设在一面墙的中央，最好任意安排在上下左右某个角落。这样一来，从外面进入室内的光线可以通过邻墙或天花板反射，形成整个光线的回路，使室内更明亮。

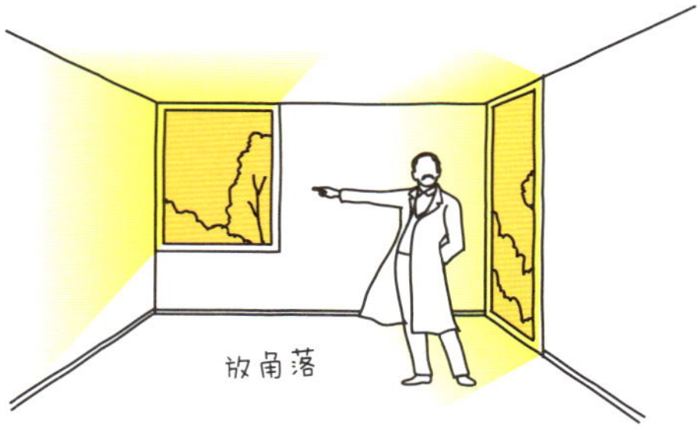

家具摆放从一开始就要列入计划

将窗户开设在角落一定要注意家具的摆放位置。因为家具尺寸不同，很可能放不下。

第三法则：正面窗户的三个类型

位于建筑物正面的窗户，如果按照以下3种方法设计，至少不会出大错。就算是正方体外观的建筑物，只要根据法则开设窗户，也能有别于大众化的商品住宅。

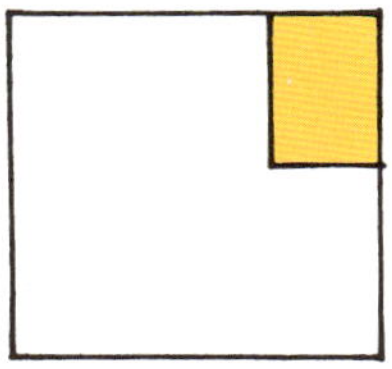

①将窗户安排在角落

角落的窗户采用固定窗效果最好。

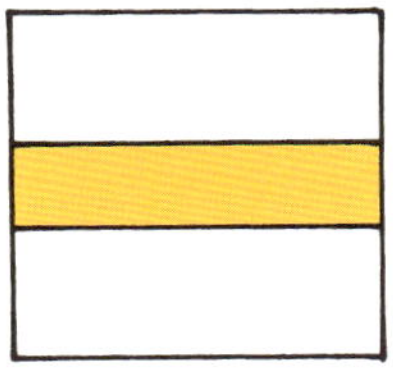

②让窗户贯通墙面

横向、纵向都可以，只要贯穿整面墙。

③整面窗

规划区域可以设定整面都是窗户。整面窗特别适合凹面外观。

组合运用

第三法则可以运用在任何区域。例如，改变外墙建材，外观的内凹或外凸，都可以看成是这些法则的运用。

“一个区域内最多只能有两个窗户”，这就是开设窗户的第四法则。

现场见证角落窗，整面窗

角落窗，也是整面窗

整体看来，右上窗户属于角落窗，而窗户部分又是独立区域，也可以算整面窗，都是依照法则设计的。左下方的推拉窗属于典型的角落窗。

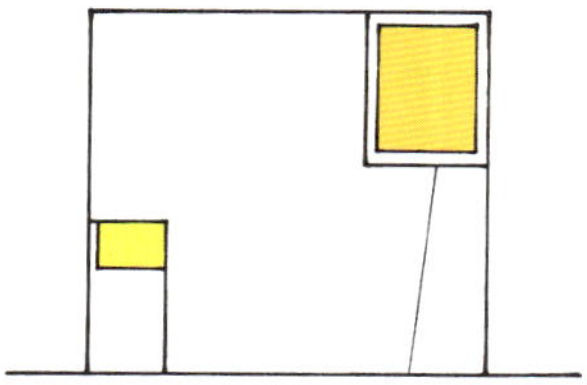

增加窗户连成一片

这面墙共有 6 扇窗户，其中 5 扇位于右上角。因此，整体看来只有两个窗户，符合第四法则。另外，千万不能在格局确定后才开始考虑窗户，至少要与格局同步设计，以便决定窗户的位置及大小。

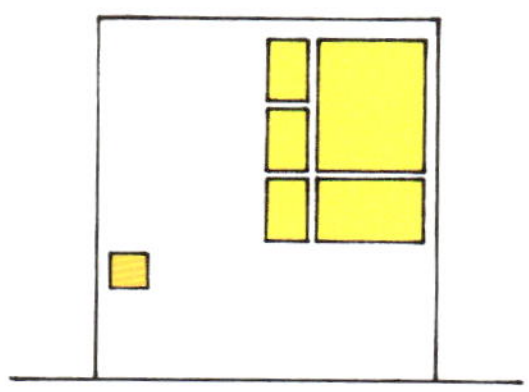

现场见证贯通窗

纵向贯通比较简单

这是一例典型的纵向设计，窗户与左侧土台、屋檐宽度保持一致。又因为是内凹阳台，可以看成是整面窗。纵向贯通在处理建筑结构时不难操作。

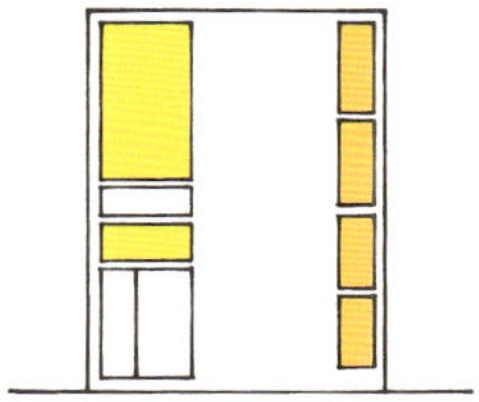

横向贯通讲究技巧

横向贯通的侧面高窗，在采光与通风上效果显著，只是这样做一定会露出部分结构材料，要讲究建筑技巧。

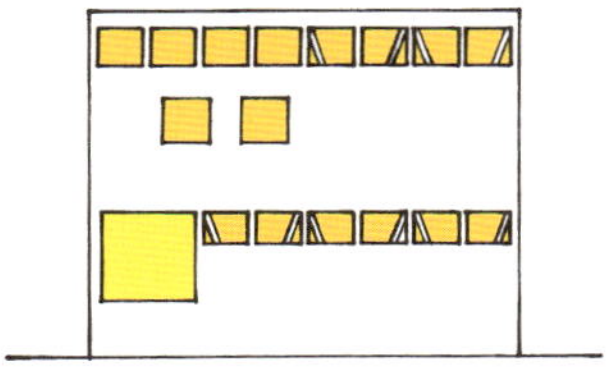

住宅用铝合金窗框的尺寸（基本篇）

住宅用铝合金窗框，根据不同的开合方式，定制尺寸也各不相同。

推拉窗

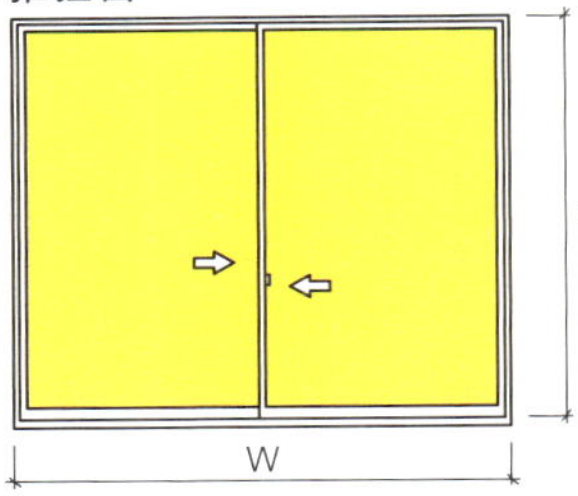

（既）W2600×H2230（特）W3000×H2500[①]

除了两扇式推拉窗，还有 3 扇甚至 4 扇的，数量越多，窗框越宽。

三扇

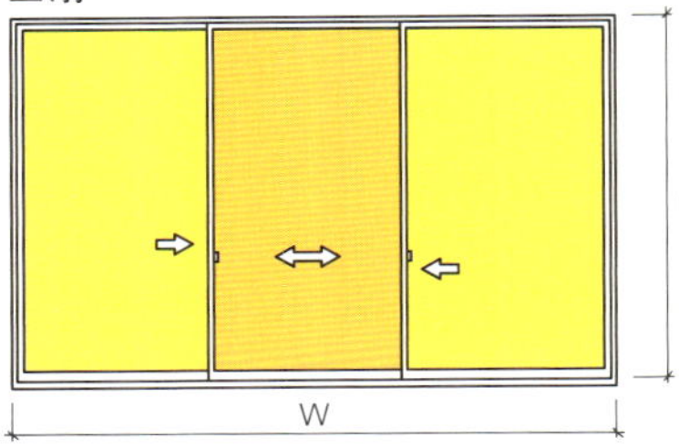

（既）W2600×H2230（特）W4000×H2500

四扇

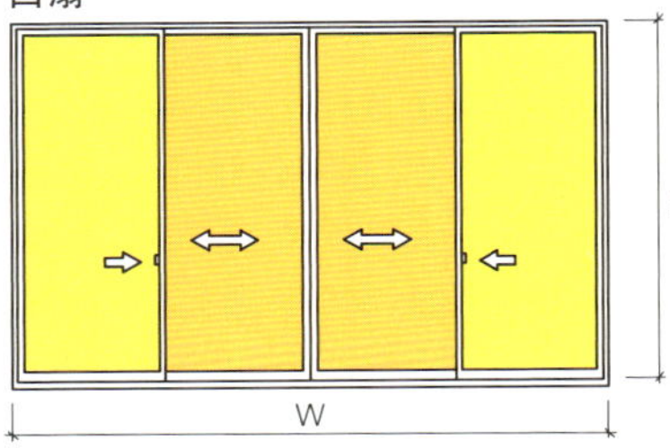

（既）W3510×H2230（特）W4000×H2500

单侧推拉

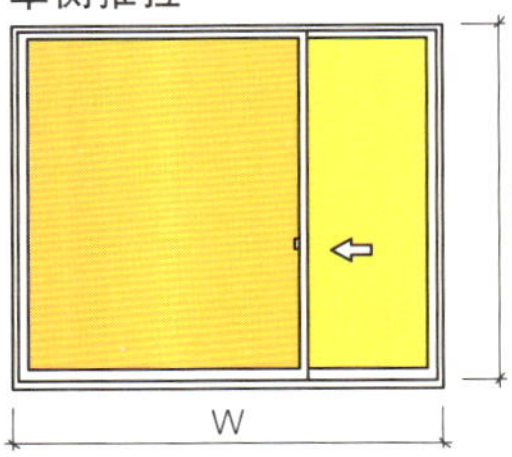

（既）W2600×H2230
（特）W3000×H2100

中间固定两侧推拉

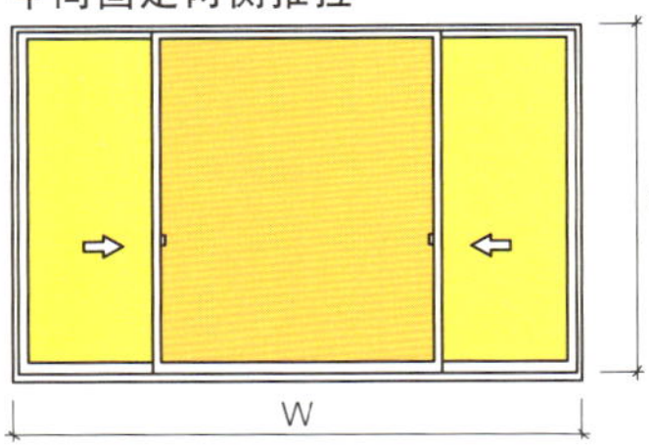

（既）W3510×H2230
（特）W4000×H1200

单侧推拉窗，一般较大面积的玻璃窗是固定不动的，也可作景观窗。

单扇平开窗

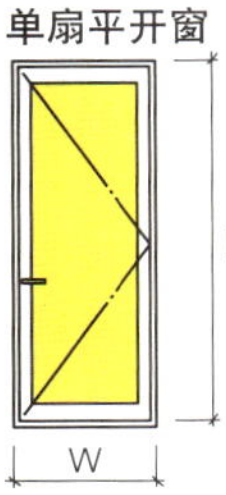

（既）W780×H2030
（特）W870×H2230

双扇平开窗

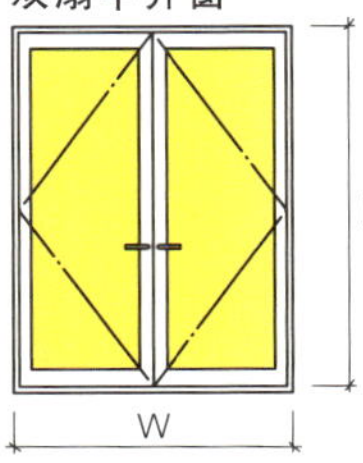

（既）W1690×H2030
（特）W1690×H2230

这类窗户通常设置在不开放的空间中。还可以从外部加锁，因而也适用于玄关。

① “既”指规格品的最大尺寸，“特”指定制品的最大尺寸，W 是宽，H 是高。（单位：mm）

住宅用铝合金窗框尺寸（进阶篇）

梯形固定窗

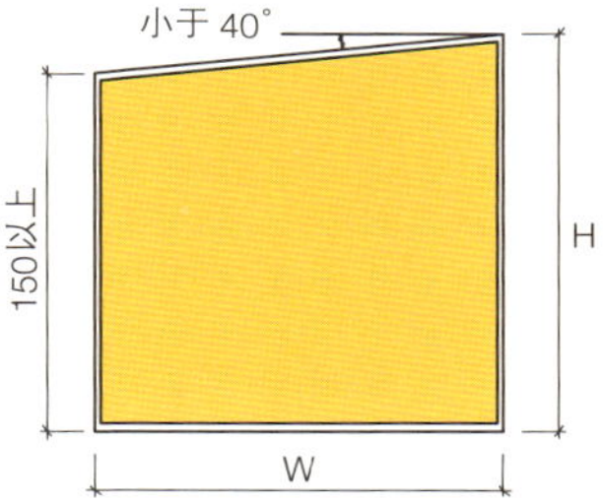

（特）W2500×H2500

固定窗

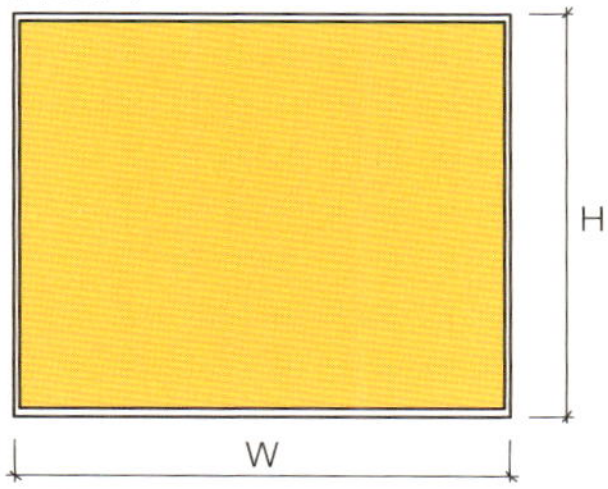

（既）W1690×H2230
（特）W3000×H2500

固定窗的尺寸可以较大，是定制窗的基本款。

纵向滑出

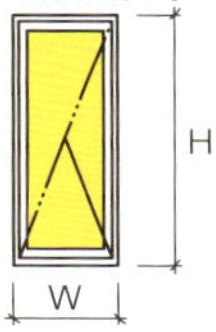

（既）W640×H1370
（特）W640×H1570

横向滑出

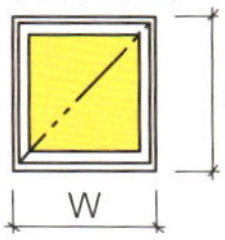

（既）W780×H970
（特）W870×H970

推出

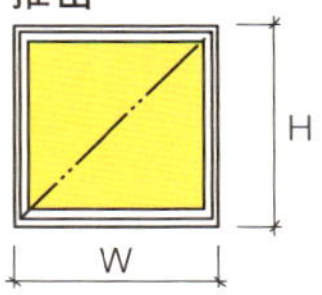

（既）W1235×H1235
（特）W1235×H1235

纵向推开、滑出

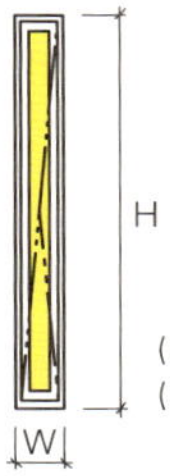

（既）W300×H2470
（特）W300×H2470

横向推开、滑出

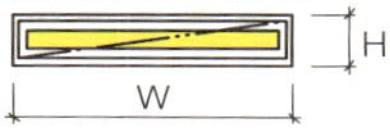

（既）W1690×H303
（特）W1690×H303

平开窗没有窗轴，不占空间，便于打理，非常适合微型住宅。

遮篷窗（3 段）

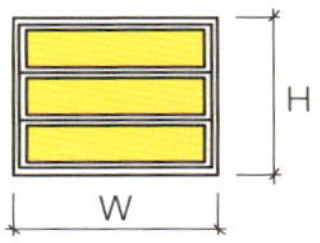

（既）W1235×H970
（特）W1235×H970

遮篷窗（4 段）

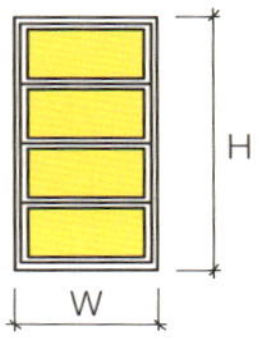

（既）W640×H1370
（特）W870×H1570

上下推拉窗

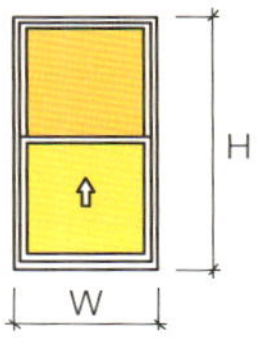

（既）W780×H1370
（特）W870×H1570

双层玻璃百叶窗

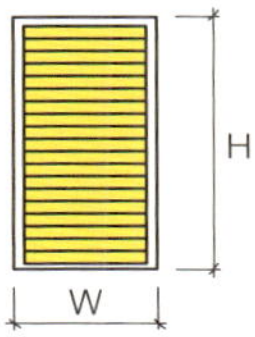

（既）W640×H1570
（特）W870×H1570

遮篷窗、上下推拉窗、双层玻璃百叶窗等，在创意性、密封性、防盗性、便利性等方面都略胜于平开窗。

＝ 好格局离不开好窗户。

实例

3

利用中央的玄关、楼梯打造死角，营造更大空间感

这是一处间隔较少的开放式格局。男主人是插画家，他希望采用打造死角营造更大空间感的设计。所以我们在以中央楼梯为中心的 H 型平面中，上演了一出充满悬念的好戏。玄关与楼梯位于建筑物中央，周围形成一条休闲空间的动线，顺便带出一丝悬念，让人看不清全貌。2 层餐厅南侧设计出窗户连接天花板的效果，让视野顺着旗杆方向延伸。

A-A 断面图

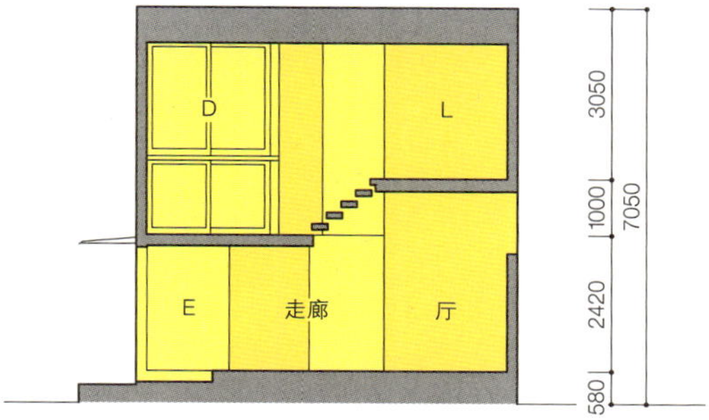

2 层平面图

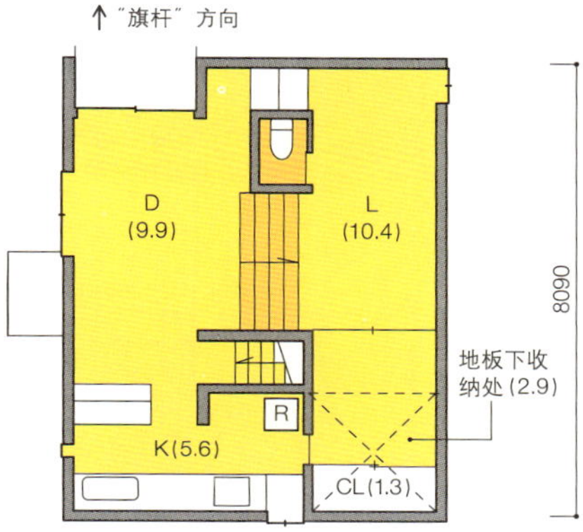

1 层平面图

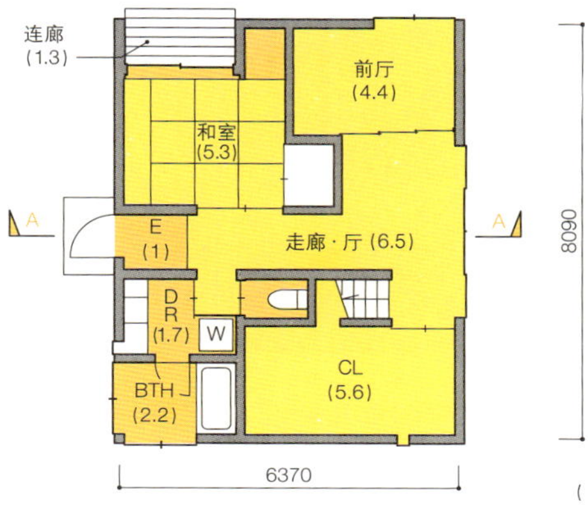

N

S ＝ 1 : 200

（ ）内为换算成榻榻米的叠数

杉并 U 邸

所在地 / 东京都杉并区（防火区域） 家庭组成 / 夫妇

规模 /2 层木造结构 占地面积 /146.25m² (44.2 坪)

建筑面积 /49.46m² (15 坪) 使用面积 /98.92m² (29.9 坪)

实例

4

开阔的视野，连接休息处与阳台

这是一处 1 层自带车库的住宅。我们把承重墙设定在短边所在的箱型区域，并在 2 层双坡顶部分采用大挑高空间。在视野延伸一侧（2 层西南面）设计出一个屋檐较深的阳台，另一侧（2 层东北面）的地板抬高半层，形成休息处。再利用玻璃隔断将起居室与工作室隔开，营造更有纵深感的视觉效果。整个外观呈现双坡顶与箱型建筑叠加的效果。

A-A 断面图

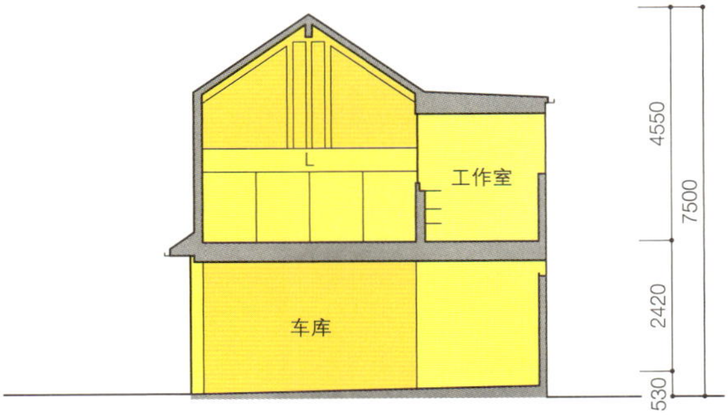

2 层平面图

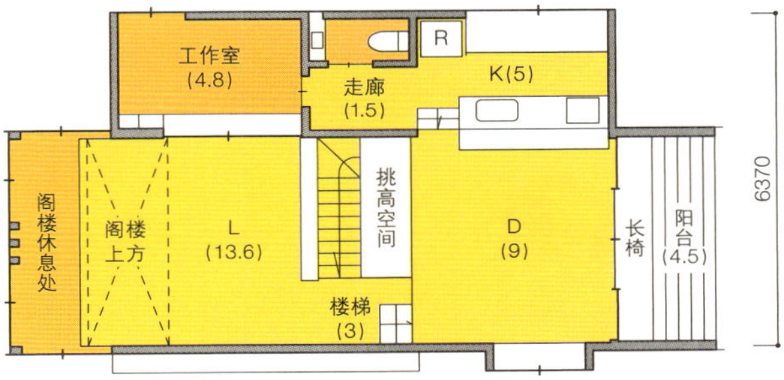

1 层平面图

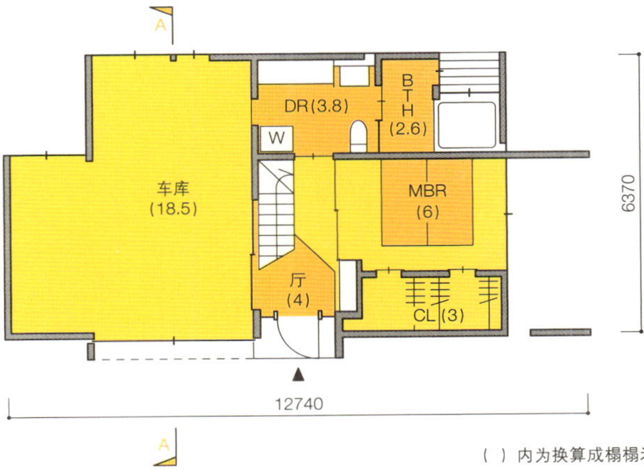

N

S = 1 : 200

( ) 内为换算成榻榻米的叠数

白井 T 邸

所在地 / 千叶县白井市（法定 22 条区域） 家庭组成 / 夫妇

规模 /2 层木造结构 占地面积 /631.94m^2（191.2 坪）

建筑面积 /76.18m^2（23 坪） 使用面积 /127.10m^2（38.4 坪）

STEP 4

奏响高度的旋律

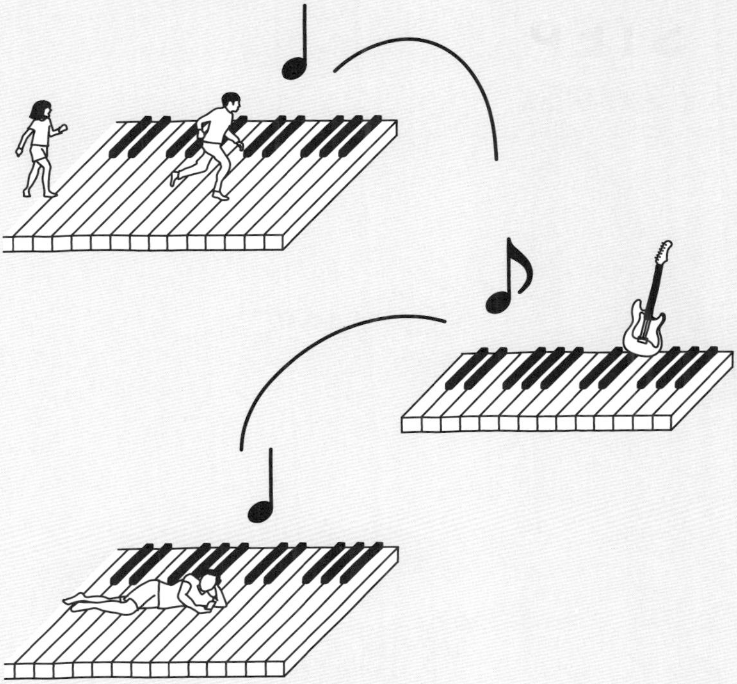

格局相同的两处住宅，
只是天花板高度不同，
效果便会有天壤之别。
细看平面图，
确认房间大小与分配。
再看断面图，
把握层高与体积。
这样才能看清建筑物整体全貌。
从二维平面格局，
到三维断面格局，
立体思考格局，
完成黄金比例的设计。

天花板高度

拒绝等比例

据说哆啦A梦的身高是129.3cm，头、胸部、屁股的尺寸也都是129.3cm，是一个极端的等比例身材。不过，人家是哆啦A梦嘛，大家听后也就一笑了之。可是，你知道吗？很多住宅的天花板居然也是等比例设计的。

“天花板尽可能高一些”，大部分家庭都会提出这样的要求。可是要求归要求，作为设计师的我可不能就这么答应。尽量压低建筑物的整体高度、层高及天花板高度，是断面设计能够顺利进行的一大秘诀。之后，我们再设计出高低差，在需要挑高的地方，尽情放宽尺寸。

无论怎么测量，那些等比例天花板的住宅都存在很多浪费，消除这些浪费的地方后，断面格局马上焕然一新。

隐胖型？肌肉型？

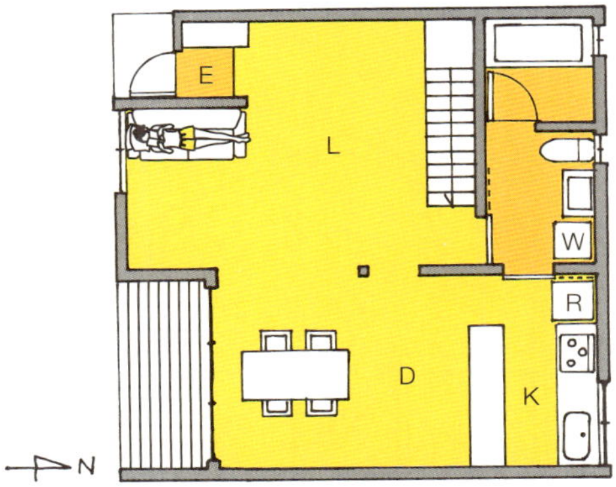

平面格局似乎还可以……

右图为一例分隔墙较少的平面格局，用水区集中安排在 1 层北侧，中央楼梯有效减少了走廊面积，每个房间也够宽敞。从厨房到餐厅的视野看起来也不错。可是，我们再看看它的断面图，并试着画出两幅风格迥异的格局图。

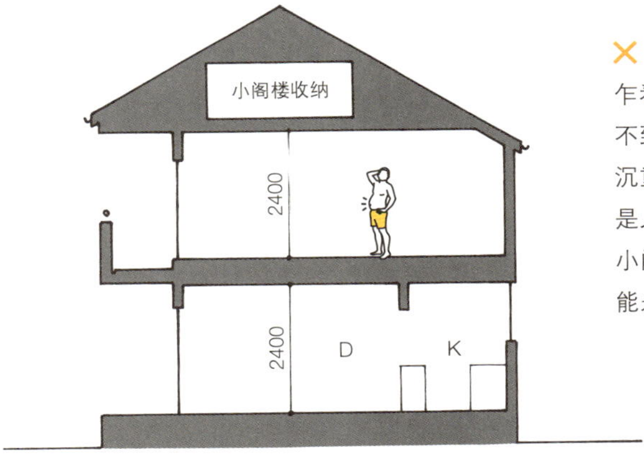

✕ 隐胖患者，体脂率超标

乍看是一例普通住宅的格局断面图，把用不到的部分，用黑色填满后，能看出它的沉重感，这是只看外观不易发现的。如果是人，属于看不出胖，但体脂率高的类型。小阁楼可以拿来堆放物品，但那些物品可能永无出头之日。

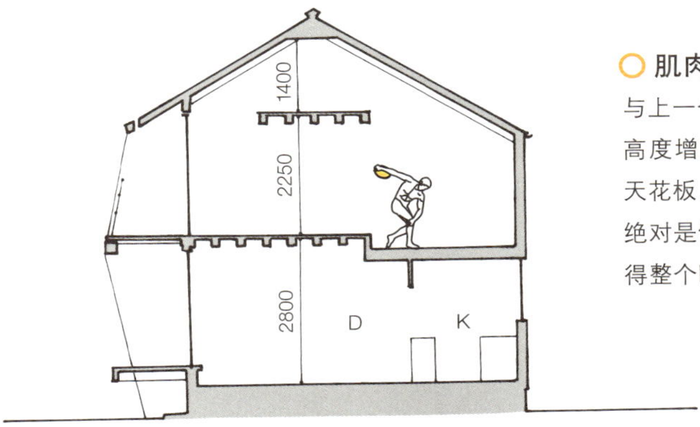

○ 肌肉男，体脂率超低

与上一个案例相比，起居室餐厅的天花板高度增加了 400mm，不仅去除了过厚的天花板，地板占的空间也少了。如果是人，绝对是体脂率超低又结实的身材。你不觉得整个断面图生动活泼、错落有致吗？

告诉你何为恰到好处的高度

层高基本差不多

层高：1 层地板到 2 层地板的距离

1 层的层高

· 2520mm（1 级台阶 210mm 的楼梯，共 12 级台阶）
· 2600mm（1 级台阶 200mm 的楼梯，共 13 级台阶）

通常在 2700 ～ 2900mm，低至 2600mm 问题也不大。这个高度足以容下整体浴室。

1 层的地板高度

· 地基面 +500 ～ 600mm

这个高度是根据住宅瑕疵担保责任险与住宅金融支援机构的要求决定的。如果门前铺的是漏缝木板，地基与地板间几乎没有落差，这样可以与庭院连成一片，形成视觉统一。

天花板可以压低到这一程度

天花板高度：从地板到天花板的距离

起居室、餐厅的天花板高度

· 2400mm

卧室的天花板高度

· 2200mm

用水区天花板高度、斜面天花板的最低处

· 2000mm

通常，公寓的天花板高度为 2400mm，卧室与用水区的高度可以略低些。

如果将天花板高度与走廊宽度互换……

压低天花板貌似会产生压迫感。以普通人的视角出发，如果将天花板的高度置换成“走廊宽度”，马上会感觉 2400mm（普通天花板高度）的尺寸太宽了。既然是短暂逗留的场所，还是尽量紧凑些更好。

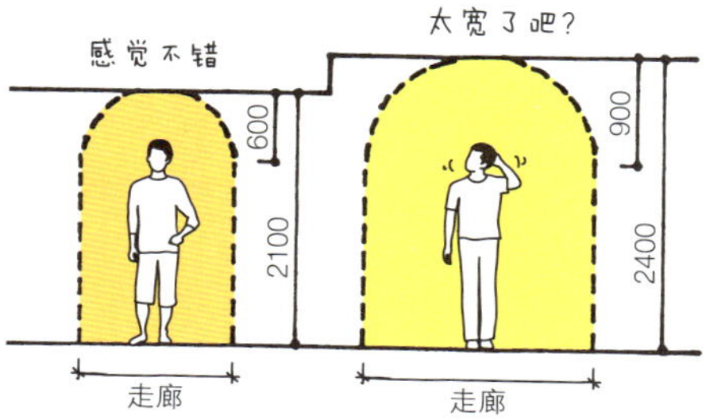

何时挑高？何时压低？

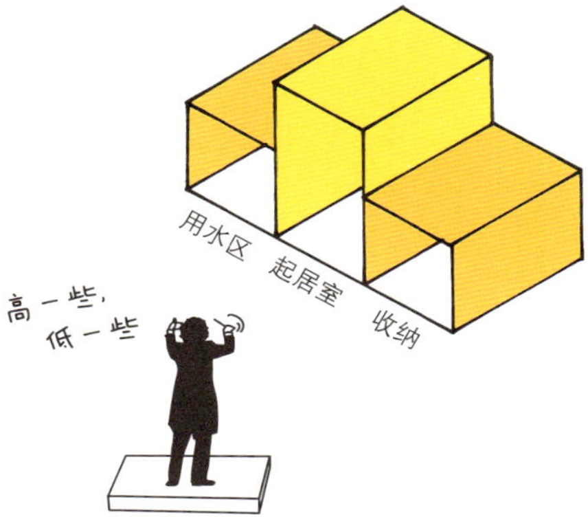

LD 可以高些，用水区可以低些

如何打造错落有致的天花板？原则是：属于开放区的起居室、餐厅可以高一些，用水区及收纳空间可以低矮些。从低层高区域去往高层高区域时，会产生比实际高度更高的错觉。

用高度来消除小房间的压迫感

错落的天花板同样适用于微型住宅。对一个房间大或小的感觉，其实是一个整体空间概念，在一个狭小的房间内，如果增加天花板高度，就可以瞬间消除压迫感。

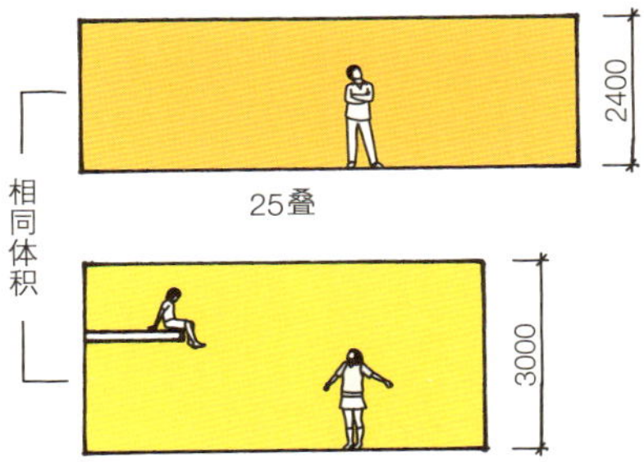

屋檐也是低矮的好

除了天花板，将屋檐高度控制得低一些，外观上更显优雅。建议在 2000mm 左右即可。

不做天花板也是一种选择

天花板内，只有架梁的地方需要400mm以上的高度，其他都可以低于这一高度。

如果没有防火及内装限制，我们还可以选择不做天花板，这样至少可以赢得400mm左右的高度，一下子开阔许多。

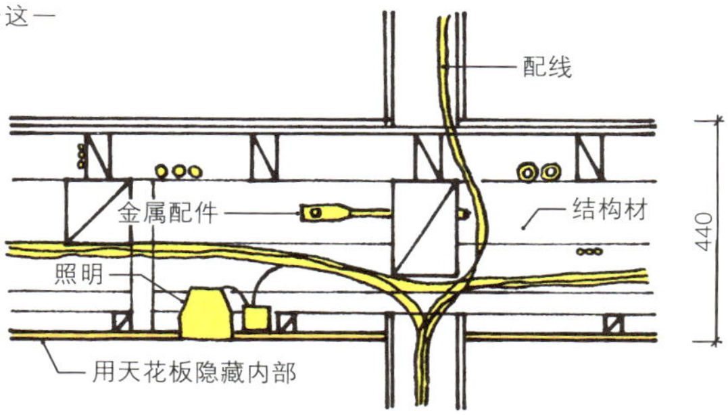

选择没有天花板，必须做的心理准备

不做天花板需要考虑很多问题，首先是结构材（横梁、纵梁）及连接的金属配件会外露，为了不影响美观，还得花一番心思。电线与网线的布线也是个问题。既然做了这样的选择，就要动动脑筋了。

结构外露是否可行？

选择结构外露、没有天花板的设计，一定要把结构材料的配置一并考虑在内。如果想要美观，请严格遵守以下几条：

①方向一致

②间隔相同

③排列紧密

如果可以减去天花板，建筑内部就能割舍掉很多无用的“脂肪”。

梁高参考净跨长度表

天花板的高度也会受到梁高的影响。虽然可以通过荷载及弯力算出梁高，但需要一定时间，设计格局时可以参考净跨长度表估算。决定净跨及负荷宽度后，便能轻松计算出梁高。下面就是我自制的净跨长度表。

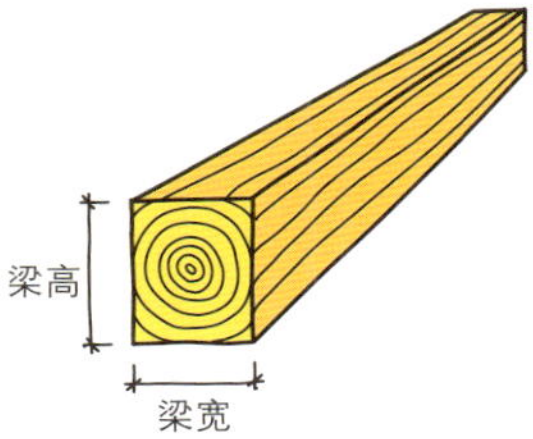

梁高		净跨长度									
		455	910	1365	1820	2275	2730	3185	3640	4095	4550
负荷宽度	455	40×45	40×45	45×90	90□	105□	120□	150	180	180	210
	910	40×45	45×90	90□	105□	120□	150	180	210	240	270
	1365	40×45	45×90	105□	120□	150	180	210	240	270	300
	1820	40×45	45×90	105□	150	180	210	240	270	300	330
	2275	45×90	90□	105□	150	180	210	240	270	300	330
	2730	45×90	90□	120□	150	180	210	270	300	330	360
	3185	45×90	90□	120□	150	210	240	270	300	360	390
	3640	45×90	90□	120□	180	210	240	270	330	360	390
	4095	45×90	90□	120□	180	210	240	300	330	360	420
	4550	90□	105□	150	180	210	270	300	330	390	420

表格内 A×B 中，A 为梁宽，B 为梁高。除此之外均为梁宽 120mm 时，梁高的示数。

支撑形式	（单梁）	地板
负荷条件	（固定负荷）	650N／m^2
	（积载负荷）	1800N／m^2
树种		美松

变形增大系数	2
弯曲限制	20mm，且在净跨长度的 1/250 以下
断面破损	忽略不计
集中负荷	忽略不计

✕ 梁与排风管无法和平共处

无法将排风管、配线藏于天花板内，这是菜鸟设计师最容易犯的错误。在决定层高与天花板高度的时候，必须将设备考虑在内，大家一定要谨记。

二 用高低差打造完美、合理的比例。

半拍理论

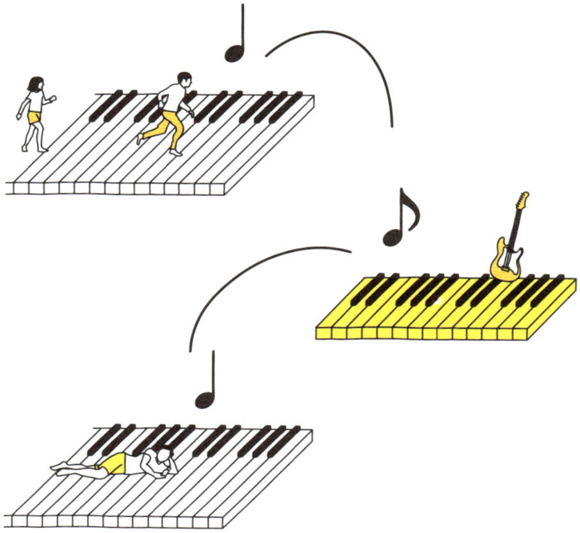

去除建筑物多余“脂肪”、把天花板设计得错落有致之后，突然会意识到“要不要再盖 1 层”？就算是 2 层木造结构的建筑物，同样可以多加半层（当然也有条件不允许的案例）。

通常我所设计的市区住宅，都是占地面积 25 ～ 40 坪的微型住宅，为了保证收纳空间，实在是煞费苦心。如果在断面上动动脑筋挤出半层空间，不但解决了收纳问题，还能设计出让人惊艳的挑高空间或阁楼。

如果整首曲子都是 1 拍，听起来未免单调，偶然出现 8 分音符，会呈现出更富有律动感的节奏。

将2层变成2.5层建筑

2.5 层建筑

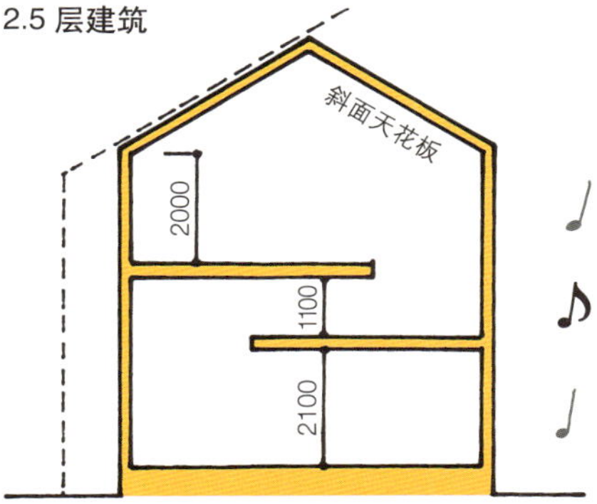

似乎可以挤出半层楼

如果把 1 层的天花板压到 250mm，2 层采用斜面天花板，就可以赢得 1 层半的高度，以及半层的收纳空间（高度不足 1.4m 为阁楼）。

虽说是 2.5 层，但在法律上依然认定为 2 层建筑，严格来说算是 2 层半建筑。

2 层建筑

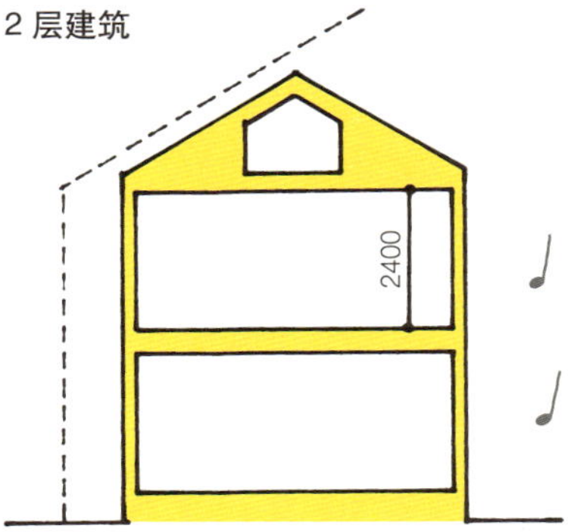

略显不足

市区的 2 层微型建筑不仅使用面积少，采光也未必能保证。房间里堆满东西只会显得越发拥挤不堪（如果占地面积宽裕，2 层建筑就足够了）。

3 层建筑

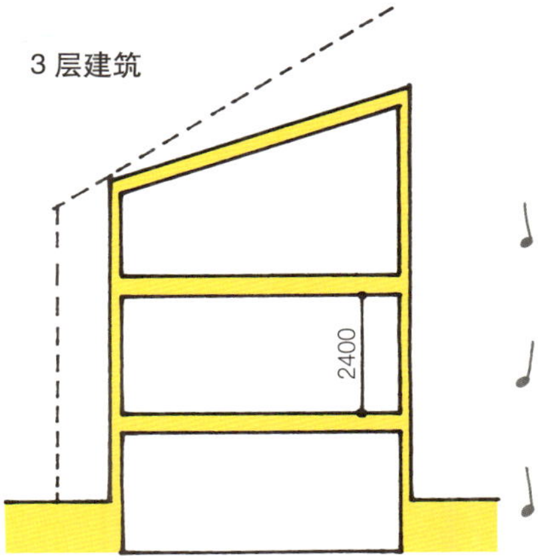

略微超过

尽管使用面积增加了，但由于种种限制，无法满足挑高空间，住宅远比想象中狭小，造价也会大幅度上升，性价比很低。

0.5层的使用之道①收纳

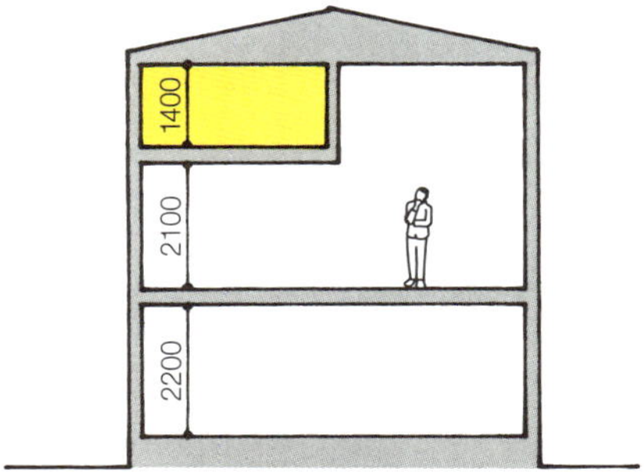

2 层以上＝收放季节更替物品

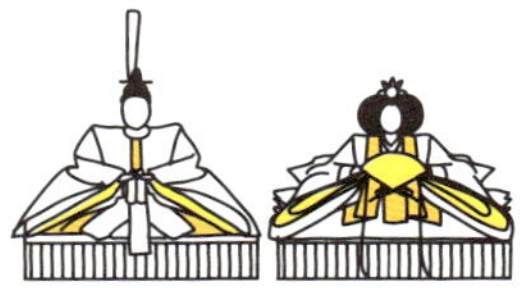

2 层以上的空间室温较高，适合存放需要干燥环境的物品、需要防霉防虫的衣物及人偶。只要确保通风，设置换气窗口，就能避免热气囤积，很多东西都可以收纳在这里。

1 层、2 层之间＝食品及生活必需品

1、2 层之间属于稳定的温热环境，可以摆放使用频率较高的物品。也可以收放食品、杂货、洗涤用品及清扫工具等。

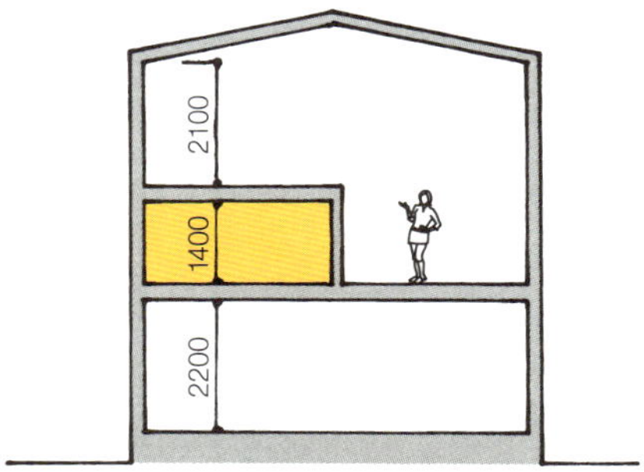

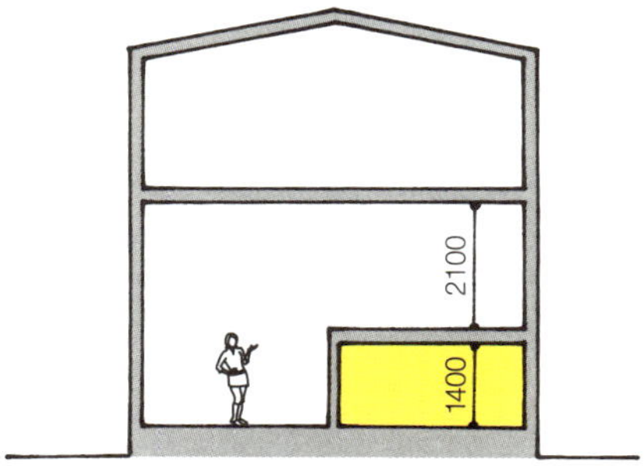

1 层以下＝户外用具

靠近玄关的地方适合收纳户外及运动用品。一些较重的东西也可以摆在这里。这里温度不高但湿度高，不适合收放衣物。

0.5层的使用之道②挑高空间

1.5 层的高度就够了

一说到挑高空间，很容易想到从 1 层地板到 2 层天花板整个畅通无阻的状态。其实，层高超过 3m，存在感会急速递减。所以，1.5 层高的挑高空间就足够了。0.5 层高的空间也可以充分利用。

2.5层建造法・阁楼篇

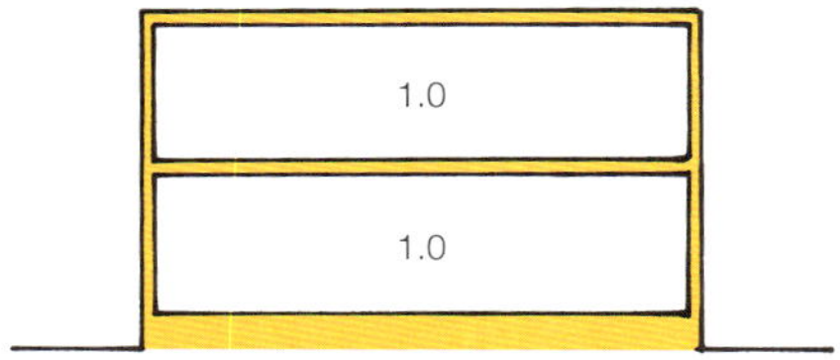

①还是要从“豆腐”开始

说是“要盖 2.5 层的建筑”，可一下子要画出它的断面图还有点难。还是从最基础的 2 层“豆腐”开始吧。

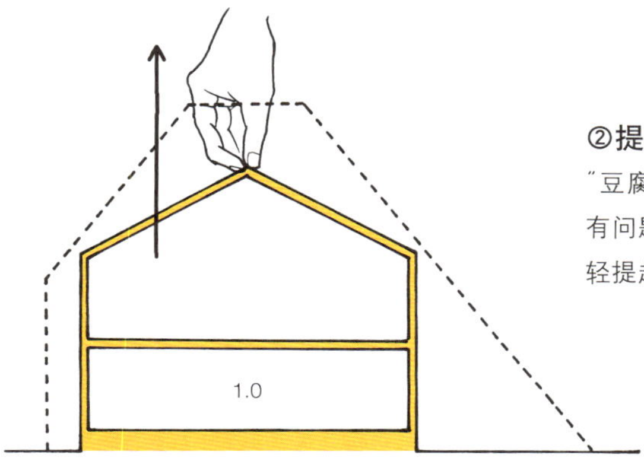

②提起屋顶

“豆腐”完成后，先确认斜线限制的所有问题，随后可以将一部分屋顶向上轻轻提起，作为天花板的制高点。

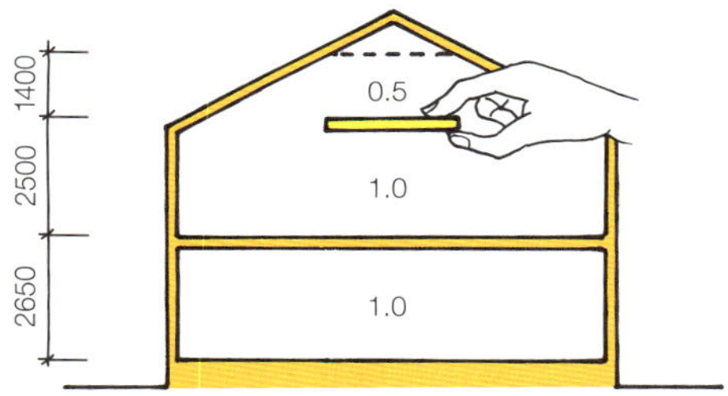

③在较大空间中插入楼板

上提屋顶后，插入楼板就变成了有阁楼的 2.5 层建筑。

（不过，法律上可能会对半层楼建筑有一定限制。）

建造阁楼的主要条件

- 天花板高度低于 1.4m
- 阁楼面积不到下一层楼使用面积的一半
- 只能用作收纳（不能作为居住空间）

注：除此之外，不同地区各有更详细的规定，事先一定要确认。

2.5层建造法・错层篇

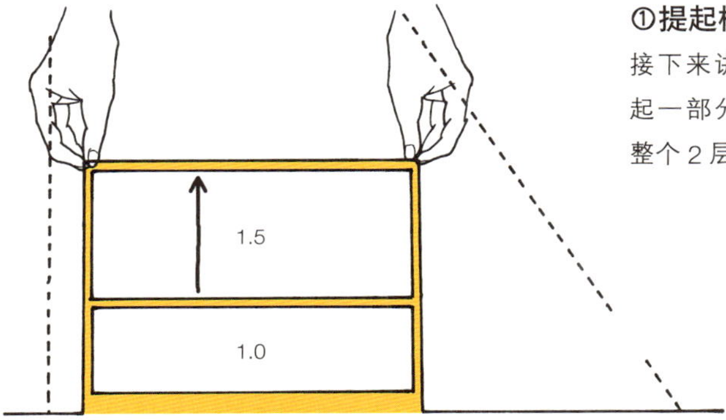

①提起楼顶两侧

接下来讲讲错层。刚才我们是提起一部分房顶，这次换两端，将整个 2 层屋顶一起向上提起。

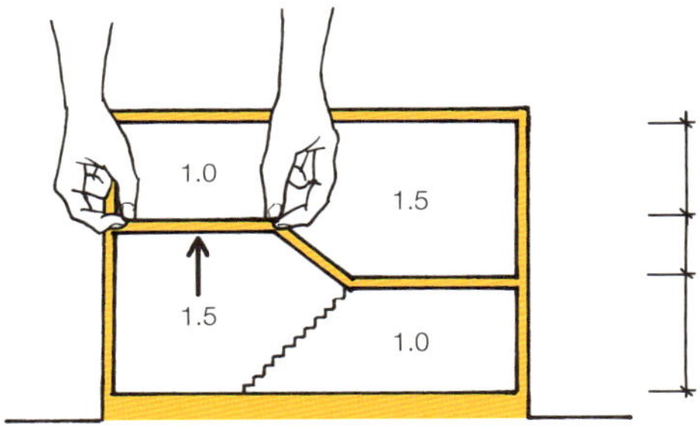

②将 2 层的部分楼板也上提

既然 2 层的天花板已经上提至 1.5 层的高度，可以把一部分 2 层楼板也上提 0.5 层，形成错层。

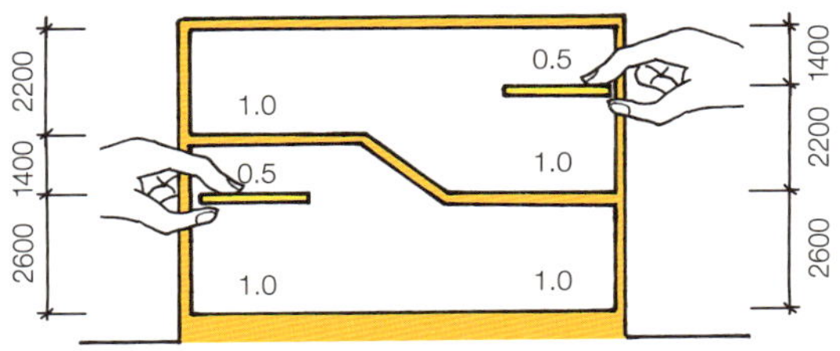

③条件允许时可以再分别插入楼板

像卫生间、盥洗更衣室等用水区域以及用于收纳的空间，压低天花板没问题。如果正好处于 1.5 层的位置，还可以插入楼板，形成阁楼。

= 0.5 层，打造充满律动感的家。

挑高空间 . 落差

将平面旋转90度

詹姆斯 · 韦伯 · 扬（James .W. Young）的《生产意念的技巧》中有一句话真是醍醐灌顶，他说“创意无非就是旧元素的重新组合”。前文中提到的一些技巧可以提升格局，如减少分隔墙、开阔视野路径、创造休息处，以及利用未知深度产生错觉，若是再和纵向元素组合，就可以产生更丰富的断面效果，于是便有了挑高空间与落差的设计。

正如减少分隔墙可以拓展空间，作为 1、2 层的共同空间，挑高空间可以促进空气流通，减少压迫感，会让住户感觉整个室内更流畅。除此之外，地板的落差可以自然形成休息处，而被阻挡的视线又能产生深度错觉，建议大家试试看。

（平面）没有墙壁的效果＝（断面）无楼板

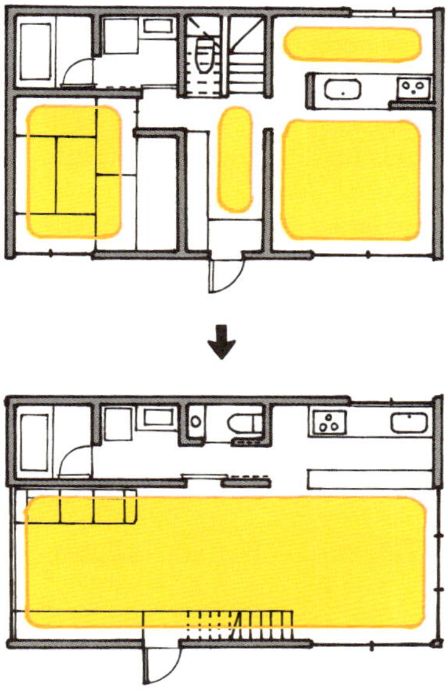

减少分隔墙后的平面图

宽敞了好多。

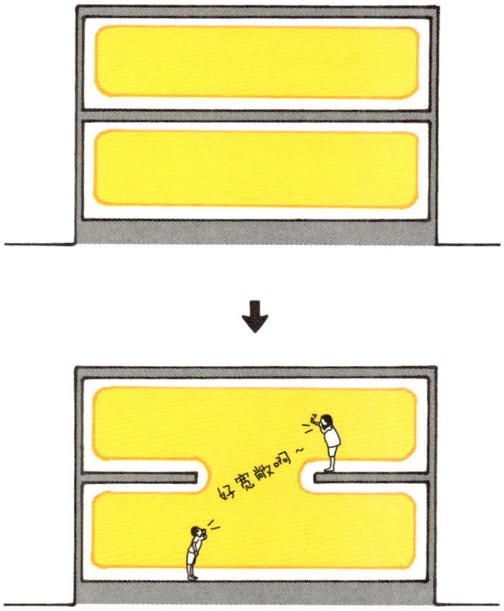

减少部分楼板后的断面图

更宽敞了。

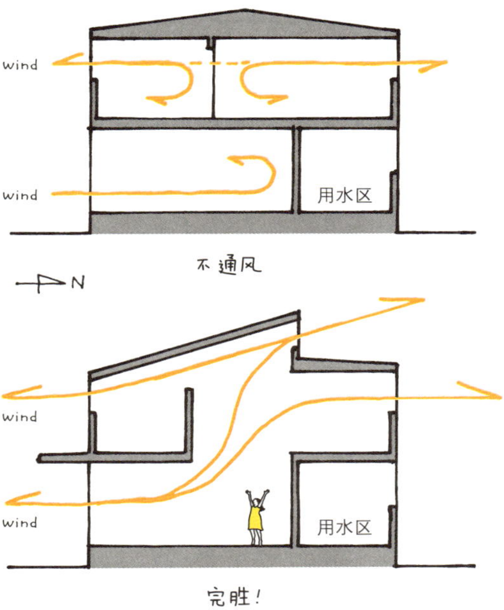

减去部分楼板，通风效果更显著

以用水区集中在 1 层北侧的住宅为例（这样的格局确实很常见），考虑到隐私问题，不得不加设分隔墙，这样一来南北方向就无法保持通风。如果在这里设计一个挑高空间，南侧来的风可以经过这里吹向 2 层北侧，既能保证整个建筑的通风，又能有效防潮。从这个角度来说，挑高空间很重要。

挑高空间速成法

①挑高空间、楼梯的黄金组合

挑高空间与楼梯都是在地板上开孔。在地板上开孔一定会影响抗震性，因此接下来的重点就是尽量把它们合二为一。1 间 ×1 间半大小的挑高空间足够容纳楼梯。

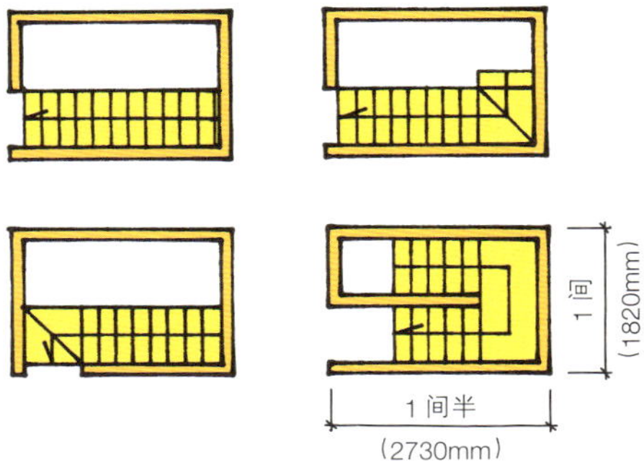

②挑高空间和楼梯一同占据中央位置

前文中说到，将楼梯安排在建筑的中央位置，这样一来，作为黄金搭档的挑高空间自然也一同抢占了中央位置。没错，就这么完成了，很简单吧？

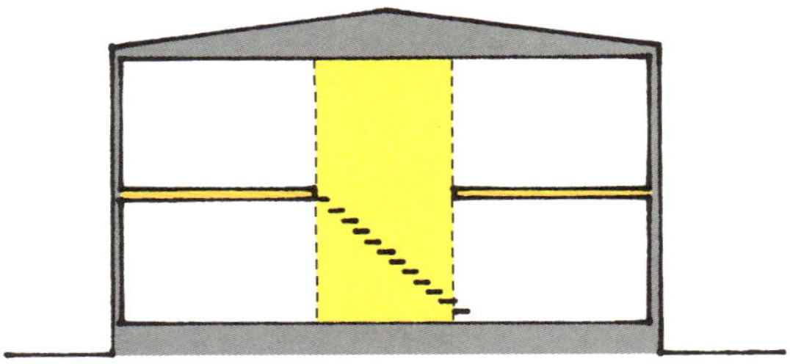

③加宽后效果更佳

1 间 ×1 间半大小的挑高空间自然 OK，但如果是长方形建筑，可以适当增加宽度，这样一来可以从 1 层角落一眼看到 2 层对角，视野畅通无阻。

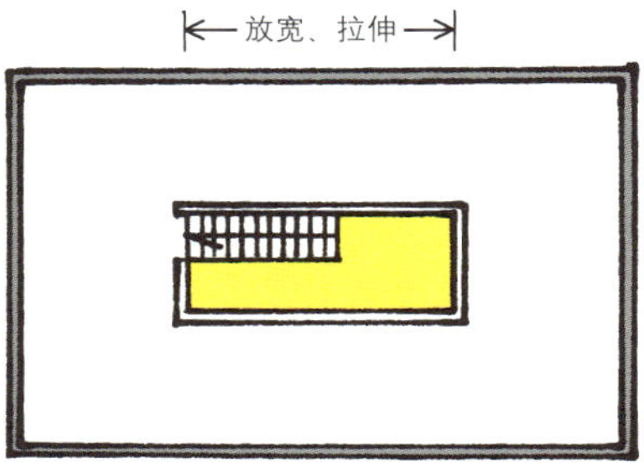

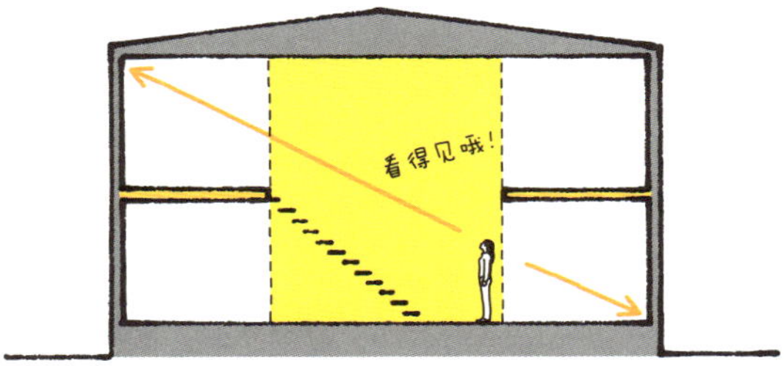

挑高空间可以靠墙吗？

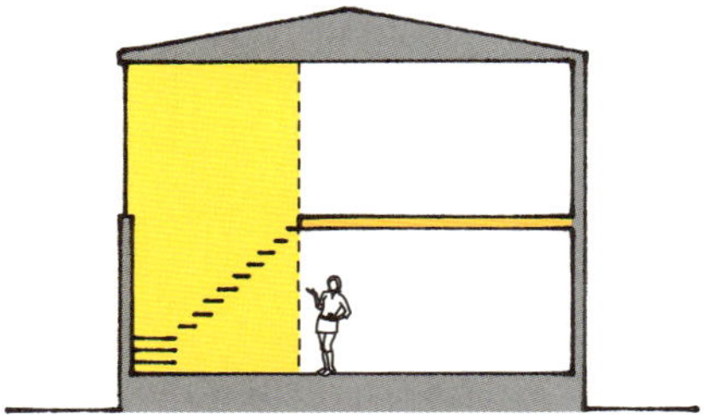

可以在中央区移动

挑高空间（楼梯）不一定总在中央，还可以设计在靠墙位置。

所以，要先划分区域，将平面划分成 3 部分，中间为挑高空间所在的区域，其余两部分为生活区。接下来，在挑高空间所在范围内移动，注意，如果偏离范围，会造成比例失调，一定要注意。

划分法

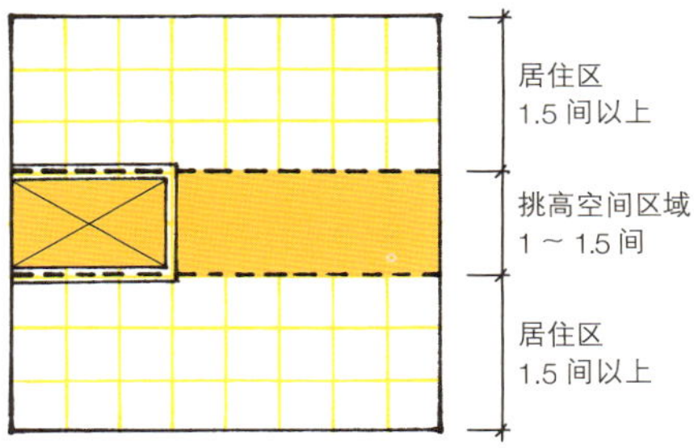

正方形建筑（平面图）

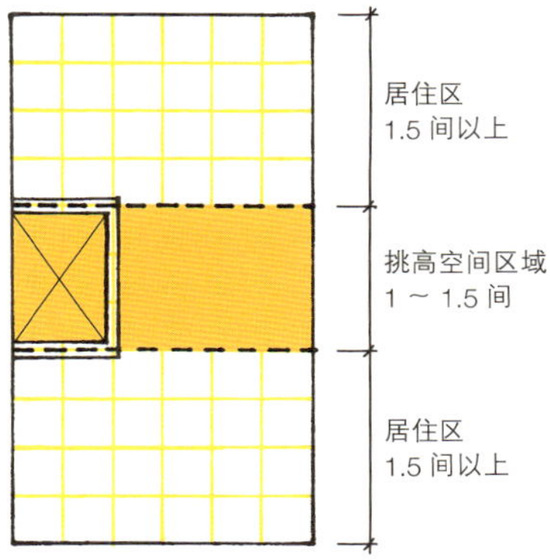

长方形建筑（平面图）

出自学生之手的不合理挑高空间

挑高空间适合与哪些区域连接？原则上是①楼梯，②起居室、餐厅，③玄关。像卧室、卫生间、盥洗更衣室等注重隐私的空间不适合与挑高空间相邻。图中就是学生们设计的不合理方案。

落差出现在这里

①厨房与餐厅

当椅子不错，能直接躺下更棒

通常厨房与餐厅的地板会保持相同高度。如果餐厅地板高出一级台阶就可以当椅子坐下。饭后躺在这里休息一会儿也不错。

②餐厅与起居室

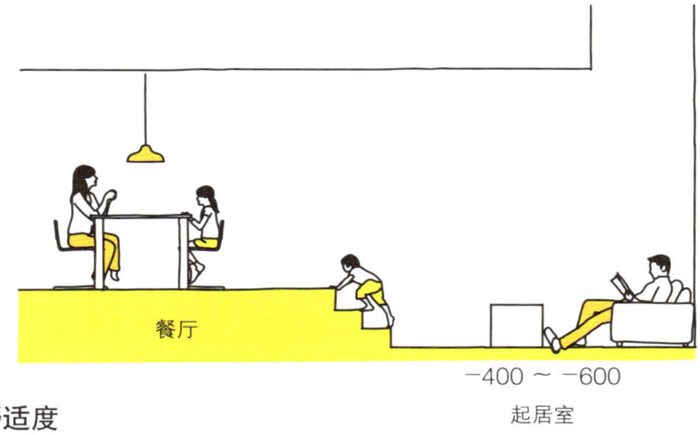

增加起居室的舒适度

高度低于餐厅的起居室自然形成了前面所说的休息处，可以在那里安心小憩。与此同时，层高也相对增加了，如果把挑高空间安排在这里，更具开放感。

试着在窗边做出台阶（第二次提到）

在前文中已经介绍过，效果真的很棒，请允许我再啰嗦几句。

起居室窗边做出高400mm的台阶，就变成了大人小孩都爱的室内缘廊。同时也有了落差的效果。

落差的极端例子——错层

落差设计的极端例子就是错层，只要将楼板提高半层就能创造出不同于挑高空间的效果，并且地板下也形成了极好的收纳空间，广受好评。

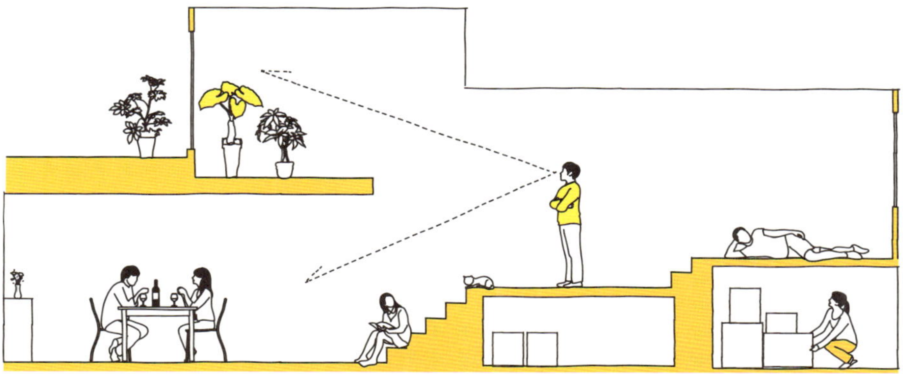

错 1/3 层

将楼板抬高 1000mm 左右，下面就是收纳空间。

错半层

将楼板抬高 1400mm 左右，下面就是阁楼。

只要有 1000mm 以上的落差，下方就可以赢得收纳空间

视野变化与空间变化

错层可以开阔视野，同时看到两个楼层的景色，整个空间被打开。

二　还可以打开纵向视野。

楼　梯

挖掘潜能，发挥多种用途

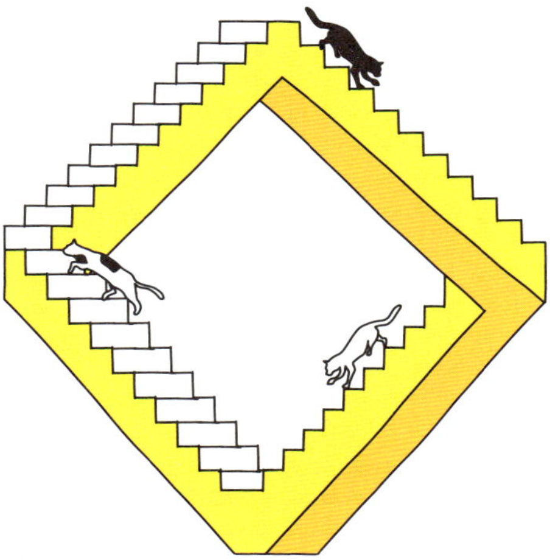

棒球有内、外野均能防守的选手，足球也有能同时胜任前锋与后卫的队员，他们被称为“多面手”。而在住宅格局中，楼梯正是这样的角色，只是现阶段很少有设计师可以完全挖掘出它的潜能，让我们一起思考一下楼梯的作用吧。

前面已经讲过，要想缩短走廊距离，只能尽量把楼梯设在建筑中央，这里说的是楼梯的移动功能，此外它还有收纳潜能。楼梯下方的死角，最常见的方法就是用作卫生间或收纳空间。更有甚者，原本是用来上下移动的楼梯，居然脱离“本职工作”。那楼梯到底能用来做什么呢？这就要请大家开动脑筋试着挖掘一下了。

楼梯的“量体裁衣”

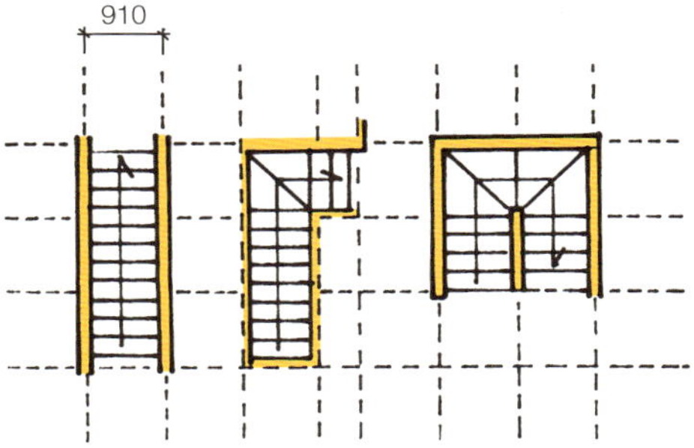

楼梯需要的空间

如果将三尺角（910mm）算作 1 个单位，楼梯至少需要 3 ~ 4 个单位的面积。最节省的直行楼梯需要 3 个单位，而最方便安排格局的是 4 个单位的旋转楼梯。

台阶宽、台阶高、台阶数的正确值

台阶宽（T）与台阶高（R）的数值如果偏离正确范围，上下楼梯就会很别扭。所以个人推荐最适合微型住宅的尺寸是：台阶宽 220 ~ 240mm× 台阶高 200 ~ 210mm。

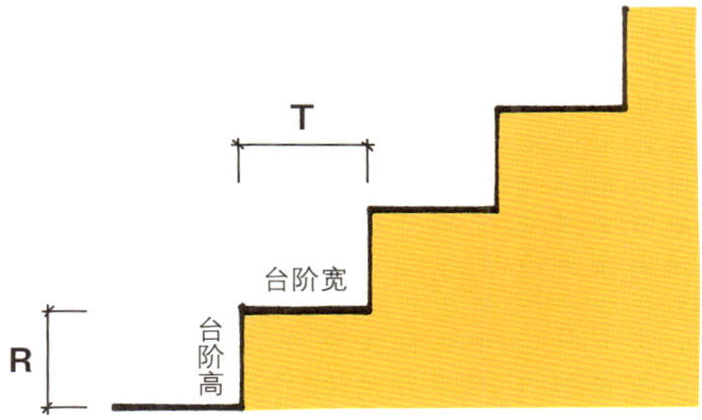

550 ≤ T+2R ≤ 650，且楼梯倾斜小于 45 度

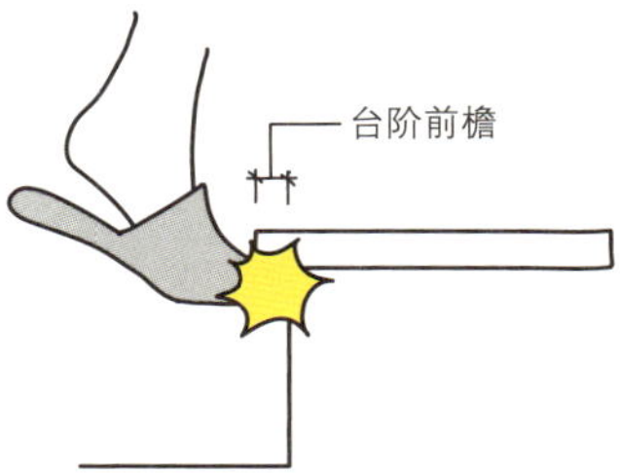

有无台阶前檐

出于安全考量，台阶越宽越安全。只是对老年人而言，台阶很宽又有前檐的话，上楼很容易绊住。要根据家庭成员的实际情况来选择有无台阶前檐。

隐患多多的转角楼梯

转角楼梯的转角处最容易出问题，我个人不推荐。尤其是 3 级台阶构成 90 度角的转角楼梯，老年人使用起来很不方便，尽量不要选用。

活用楼梯下方空间

卫生间，位置选在第 7 级台阶处！

如果楼梯下方要用作卫生间，建议马桶后背设定在第 7 级台阶的中间，起身才不会撞头。以直行楼梯为例，从第 1 级台阶到卫生间的门需要多长呢？从第 1 级台阶起约 1.5 间（2730mm）。

反正此路不通，就设计成楼梯吧

为了避免楼梯下方空间浪费，也有人索性再设计一座楼梯。虽然楼梯正上方无法设置楼板，但上方如果也是相同尺寸的楼梯，倒可以叠加起来。在 2 层以上需要设置楼梯的建筑物中（例如 3 层建筑），如果遵循叠加楼梯原则，就能彻底消灭死空间。

非移动用途①座椅

够宽＋够缓＝舒适

仔细观察这幅拉斐尔著名的《雅典学院》，你会发现有一个人斜躺在台阶中央（此人就是古希腊犬儒学派哲学家第欧根尼）。这也是活用楼梯的方法之一。楼梯的宽度一旦达到某一程度，并且角度够平缓，自然就变成了一个可供休息的地方。

这一手法同样适用于错层，让楼上楼下的地板错落有致地连接在一起。

非移动用途②长椅

与第 1、2 级台阶相连，构成缘廊

在第 1、2 级台阶的位置，设计成高度不同的连续台阶，也是一种活用方法。效果基本等同于"挑高空间，落差"中说的室内缘廊，但这里更有趣味性。即便是较窄的楼梯，也能达到整体舒适的效果，营造出不可思议的空间。

喵星人的乐园

大部分人并不是对楼梯情有独钟，而是对窝在楼梯上慵懒可爱的喵星人毫无抵抗力。照片上的这组楼梯原本是为了维修屋顶而设的工作梯，因为很少用，索性就设计成了喵星人最爱的箱型楼梯。人的动线不涉及这里，却是猫咪的〝栖息之地〞。

这里是特别为猫咪设计的猫爬架，可以直通窗帘盒甚至房梁。下面是电脑桌，人猫共处，其乐融融。

二 只用来上下移动，实在浪费。

采　光

自上而下，自然采光

在考虑格局的时候，光线问题可能最令人头疼。“这里朝南，光线一定好”“这个房间朝西，夏天要注意西晒”。当我们讲到建筑物朝向的时候，头脑中首先出现的是平面图，可细细想来，太阳作为光和热的源头，除了晚上，整天都挂在头顶。所以，是不是应该从上下方向考虑光线更合适呢?

在居住密集区，通常会通过挑高空间或楼梯来解决光线被邻居屋檐挡住的问题。如果在断面图上发现有终日阴暗的地方，就要想办法在屋顶开设窗户。即使是周围空旷、不被遮挡的建筑物，自上而下的光线也有百利而无一害，会让居室更明亮。

光线往低处走

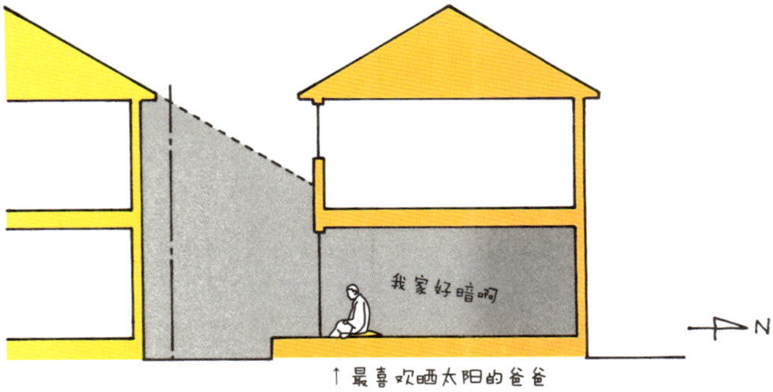

✕ 容易犯的错

这是已建住宅中经常出现的问题。将起居室安排在 1 层南侧是为了赢得充足的阳光，可是却被邻居挡得严严实实，终日不见阳光。

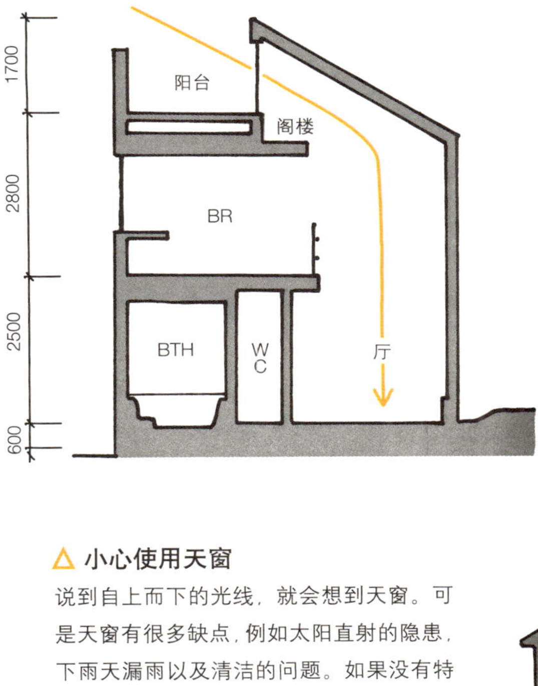

○ 光线由高窗经过挑高空间到达室内

就算 1 层南侧被邻居挡住，只要在 2 层开设侧面高窗，光线就可以经过挑高空间进入室内，整天都不用开灯。

△ 小心使用天窗

说到自上而下的光线，就会想到天窗。可是天窗有很多缺点，例如太阳直射的隐患，下雨天漏雨以及清洁的问题。如果没有特殊理由，我个人还是建议在侧面开设高窗，而不是开设天窗。

侧面高窗开设技巧①大小与形状

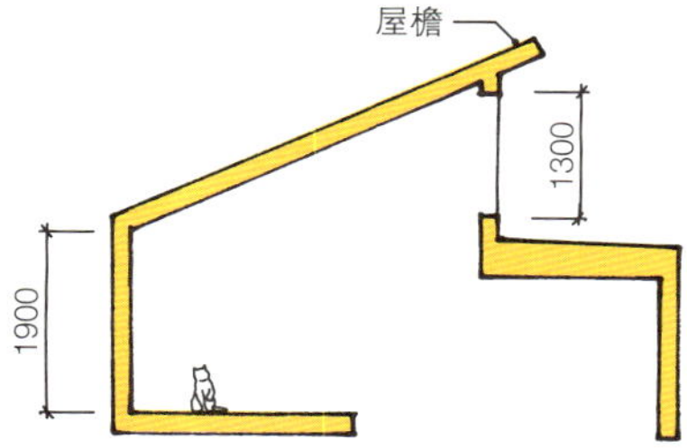

为了让从 1 层涌上来的热气排出去，最好选用平开式侧面高窗。建议在窗外加设屋檐。

普通大小就 OK

开设在建筑物上部的侧面高窗并不是越大越好。以夏天阳光照射强度为标准，高度控制在 900 ~ 1300mm 就能保证充足的阳光了。此外，侧面高窗的上部最好是上升式屋顶，外观会更美。

侧面高窗开设技巧②间接照明

强光弱照

光线并不是越充足越好，特别是光线较强的南侧，直射光很刺眼。这种情况最好利用斜面天花板反射光线后照入室内。整个室内将沉浸在柔和而明亮的光线之中。

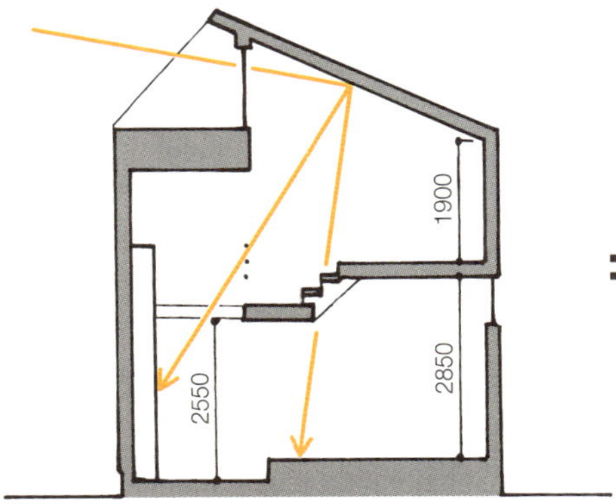

和摄影时使用反光板是一个道理。

挑高空间如何定位

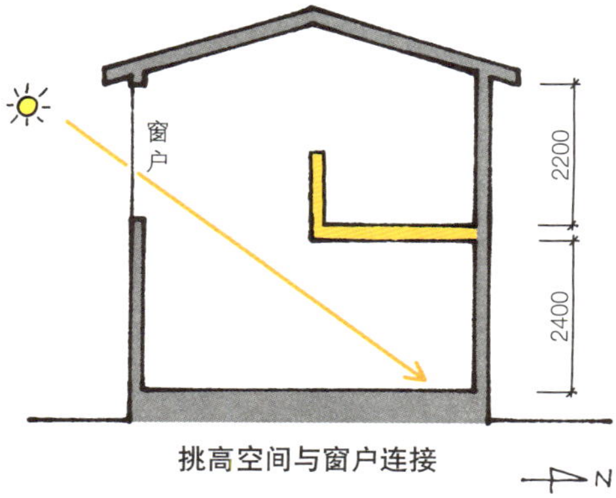

挑高空间与窗户连接

挑高空间与窗户的密切关系

作为光线通路的挑高空间，如果与南侧窗户相连，光线甚至可以直接照到1层最内侧。只要2层窗户与南侧邻居的距离超过4.5m，冬至时一样阳光普照。如果只想解决采光问题，可以在挑高空间所在的墙壁上直接开凿窗户。

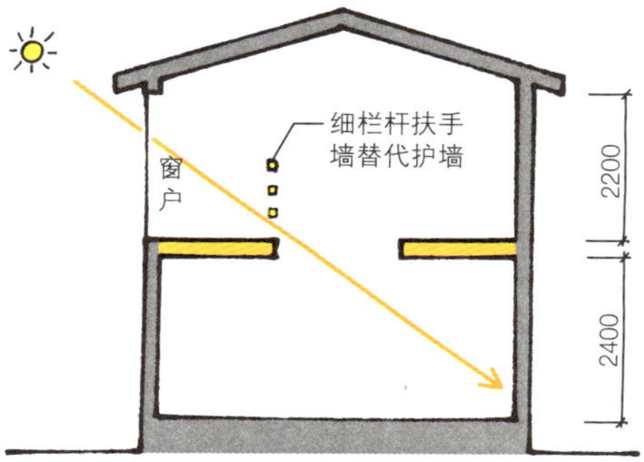

位于建筑中央的挑高空间

如果挑高空间位于建筑物中央，周围会有护墙，光线很难以同样的方式畅通无阻地照入1层。这时，可以考虑用细栏杆扶手墙替代护墙的方法，让光线照进1层。

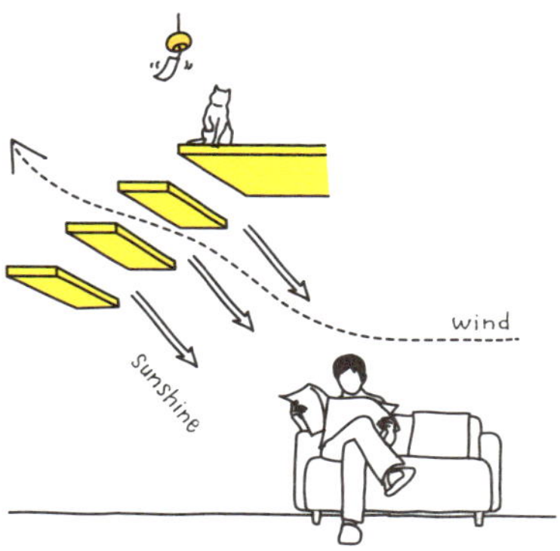

选用龙骨楼梯

如果光线自上而下照入，只能采用没有踢脚板的龙骨楼梯。光线与风可以通过镂空踏板传递至室内。理想的断面设计，一定少不了龙骨楼梯。

阳光照进平房

✕ 中央较暗

在平房设计中，采光问题最容易被忽视。因为一般选择平房的理由无非是占地面积大，光照又充足，因而很容易遗忘采光问题。但建筑规模越大，光线越难到达建筑中央，导致白天家里比较昏暗。

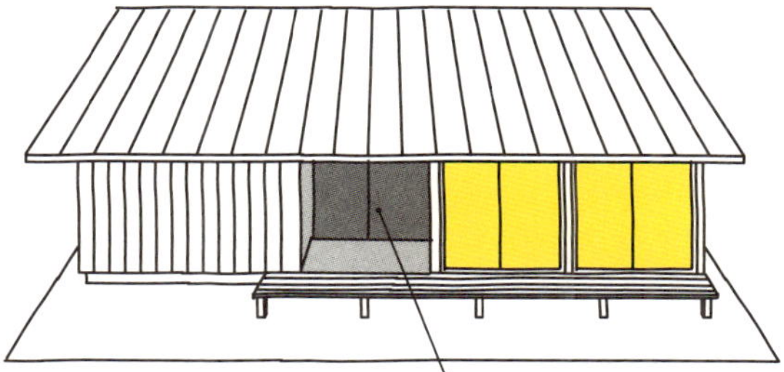

○ 2层就盖在中央上方

于是有了在平房的中央部分盖出2层的解决办法，为的是让光线照进室内。直接开设天窗也可以，不过正如前文所说，侧面高窗可能更适合。右图就是一个解决平房采光问题的案例。

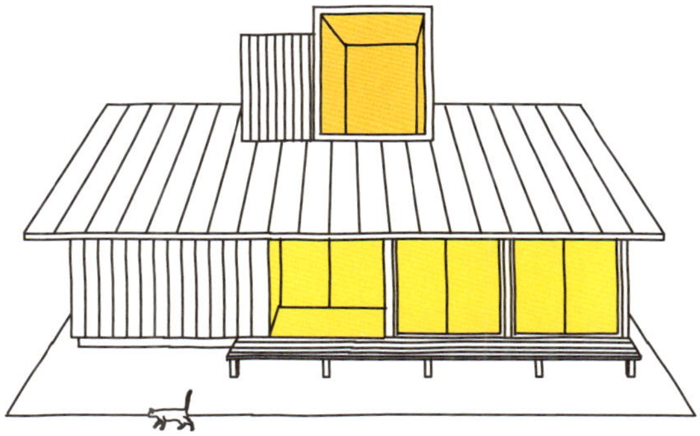

= 从东西南北、上上下下全方位考虑采光问题。

断面图

以一当百

以我目前设计过的住宅来看，很多客户都会称赞道："到处都是创意啊，真难为你们了。"虽然听了很高兴，可事实上并非如此。乍看复杂的建筑，其实基本结构及性能大同小异，并没有看上去那么复杂。只要核心不变，万变不离其宗，外部作一些适当的变化，看起来就创意十足了。

从上至下纵向展示建筑物的图叫断面图，在本书最后部分，我将对此做个总结。虽然房间格局千变万化，但断面图基本只有一个模式。

外围承重墙

木造结构住宅主要有两种建造方法，一种是通过梁、柱、横撑等搭建的日本传统轴组工法；另一种就是铺贴构造用面材的 2×4 工法。我取两者之长，在轴组结构上铺贴构造用面材，形成了一套自己的模式。让建筑内部的梁、柱及墙面减到最少，尽量将承重墙用作建筑外围，这样一来妨碍格局的结构少了，整个格局更加开阔。

梁、柱的结构安排（平面图）

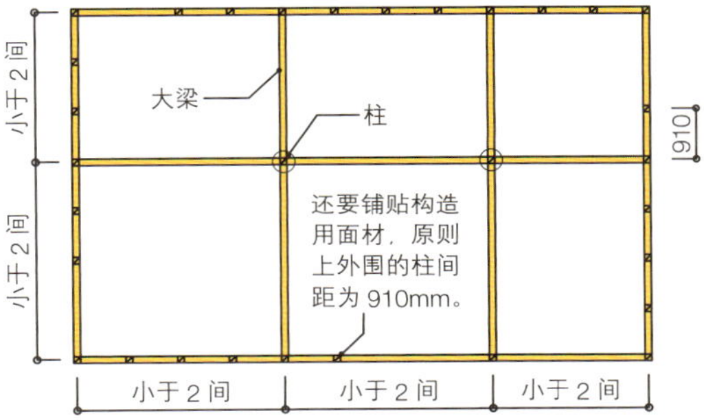

梁、柱搭建用轴组工法，然后铺贴构造用面材。只看下图会觉得是用了 2×4 工法。

承重墙尽量用于外围（平面图）

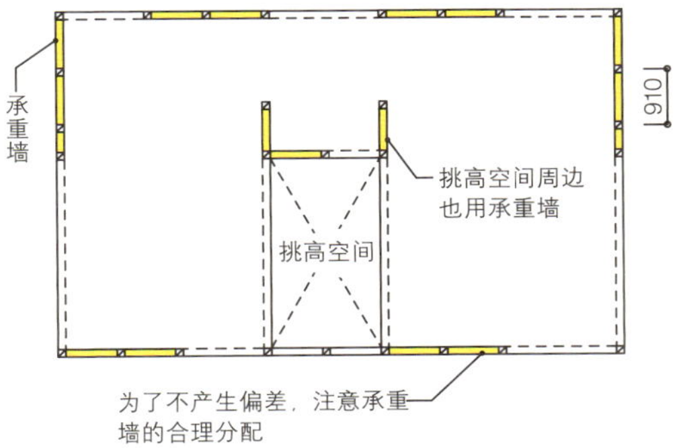

建筑基本法规定，承重墙的耐力系数是普通墙壁的 1.5 倍。

地板、墙壁、窗户的统一模式

地板、墙壁、窗户的隔热设计也是一个模式，基本上就是按照“节能对策 4 级”的要求实施，只要满足这一要求，即使是体积较大的挑高空间，1 ～ 2 台空调就能满足四季冷暖的需求。

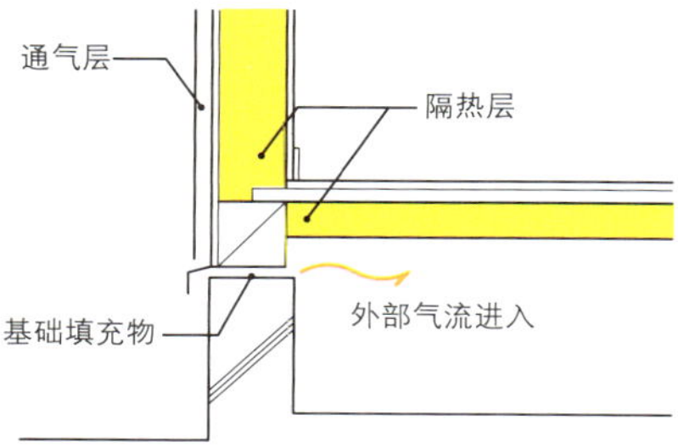

地板、墙壁的隔热标准（IV 地区①）

墙壁的保温隔热材料选用性能卓越的 14K · 105mm 袋装玻璃棉毡。室内地面选用 65mm 的发泡填充聚氨酯保温隔热材。要注意的是，填充时如果不平整，之后的不锈钢门窗框也无法顺利安装。

墙壁的隔热与通气

如果外墙材料纵向铺贴，墙内湿气就可以从透气孔排出

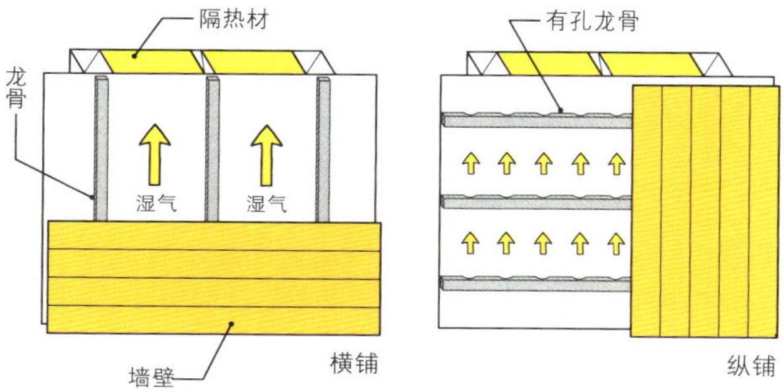

玻璃性能（透光率）

单层玻璃

(3mm)

双层玻璃

(3mm+A12+3mm)

阻热高隔热 Low-E 双层玻璃

(3mm+A12+3mm)

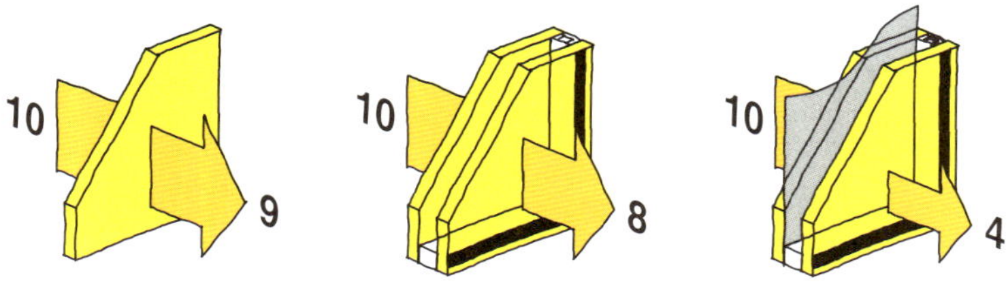

导热系数 6.0w/m².K　导热系数 2.9w/m².K　导热系数 1.7w/m².K

窗户是整个住宅中热量的出入口，原则上要选用隔热性能高（导热系数低）的 Low-E 玻璃（Low emissivity，低辐射玻璃）。不过有窗帘的南面窗户不一定采用这种玻璃。这样，冬天太阳的热量可以进入室内，过个暖冬。

---

① 日本各地的节能标准不同，共分为 6 个区域，其中 IV 地区包括东京都、京都府等。

屋顶隔热模式

以下屋顶隔热设计都属于一个类型，但设计不同。结构材外露的设计选用 65mm 的发泡填充聚氨酯保温隔热材，结构材隐藏的设计则选用 105mm 的袋装玻璃棉毡来填充隔热。

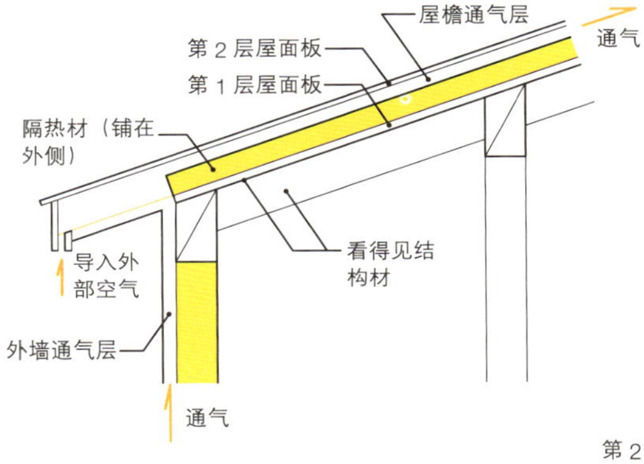

看得见结构材的设计

外层铺贴隔热材料的时候，会用两层屋面板（结构用建材和固定屋顶用建材）与通气用的椽子夹着隔热材，让隔热材卡在椽子之间。只用通气椽子就能使这种骨架结构伸出 910mm 的屋檐来。

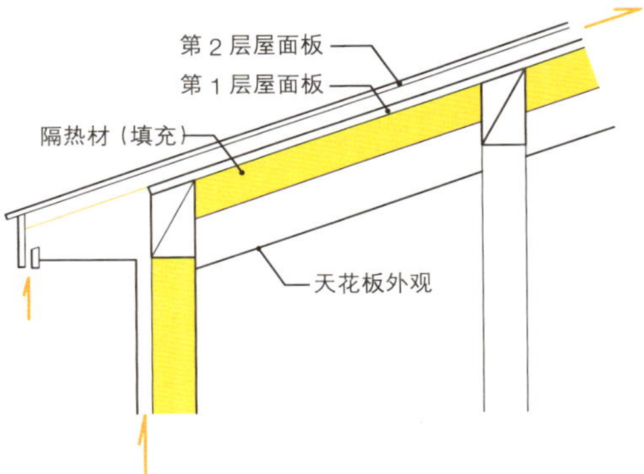

看不见结构材的设计

填充式隔热也要采用两层屋面板与通气椽子相夹的方式。

利用流动空气的屋顶小阁楼

屋顶虽然是太阳直接照射的地方，但如果能充分隔热，并将隔热材上方的热空气从屋顶排出，就算是夏天，阁楼一样可以发挥功能。这也是我采用的方法。

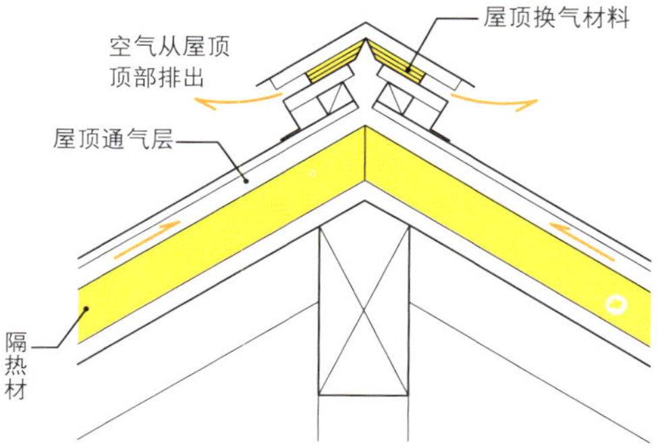

屋顶换气标准

将热气从屋顶排出去。为了防止雨水进入，可以用市售的屋顶换气材料。

檐口通气

墙壁与屋顶的通气层通过檐口相连。只要改变檐口部分通气椽子的方向，或选择嵌入式通气椽子的设计，就能让空气顺利排出。

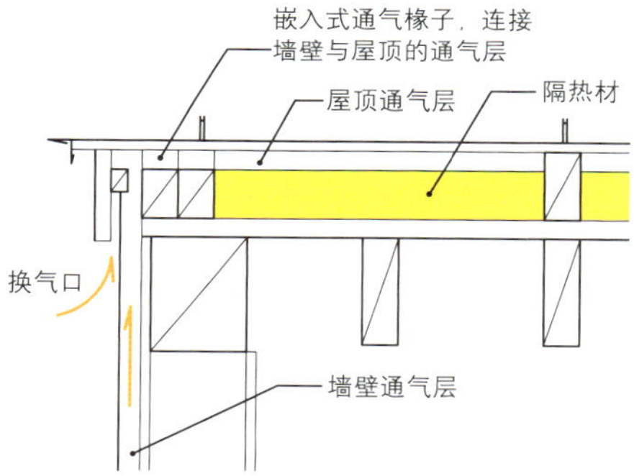

屋檐通气

与檐口通气一样，这里也连接着墙壁与屋顶的通气层，使空气可以从屋檐进入室内。为了防止雨水进入，可以用市售的屋檐换气材料。

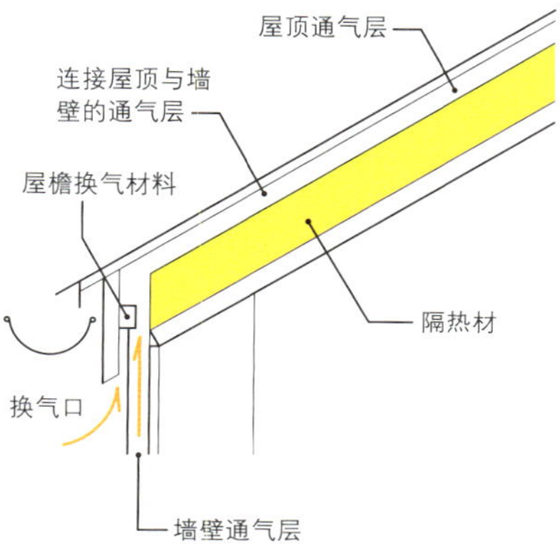

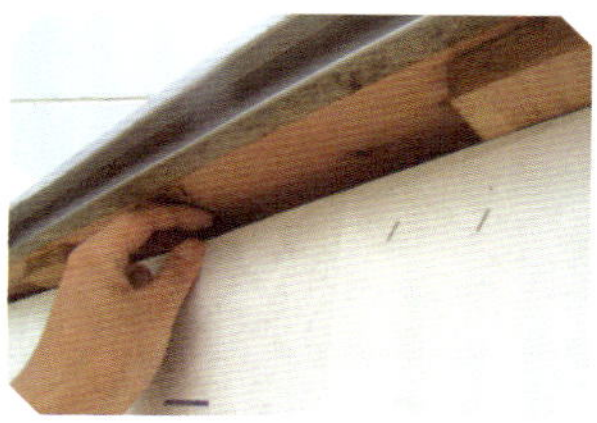

合理化结构也是一种模式

建筑结构合理化的一个目的是将匠人的技术对建筑品质的影响尽量降低。

过去的传统轴组工法

【屋顶】在水平屋架梁上支起短柱，再加上檩条与椽子。施工简单，但结构强度有所欠缺。

【地板】在土台与地槛上架设地板格栅后铺排地板材料。地板格栅间的空隙，冬天容易有冷风灌入。

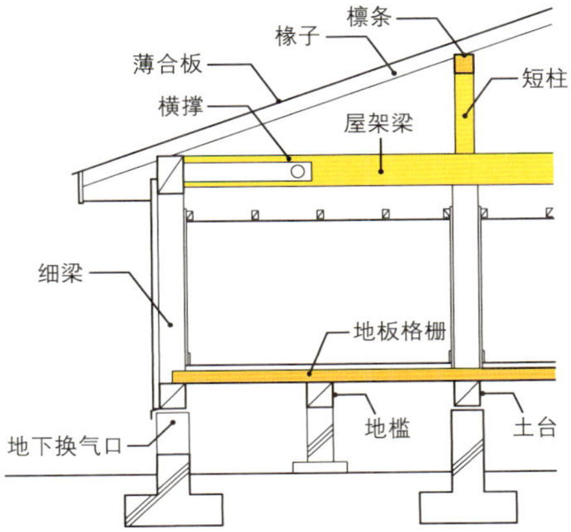

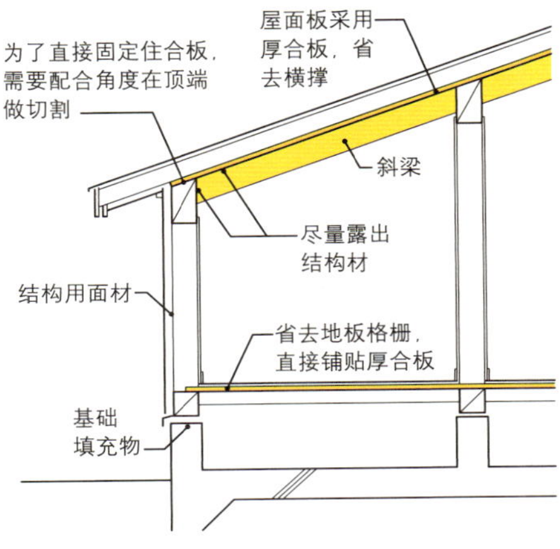

现代合理化构造法

（我采用的方法）

【屋顶】有角度的斜梁形式。第1层屋面板采用厚合板，省去横撑。

【地板】在土台与地板栅栏上直接钉上厚合板。结构上比横撑更牢固。

【基础】与土台之间的悬空设计有利于通气。不用开设通气孔。

结构合理还能缩短工期

＝ 建筑不够牢固，辛苦设计出完美格局也是浪费。

实例

5

错层构成的双阁楼设计实景

这是一例在东西方向错出半层的 2.5 层住宅，分别在 2 层北侧及 3 层南侧各设计出一个阁楼，是一个不按常理出牌的格局。阳光越过阳台穿过高窗落在 2 层的起居室及餐厅，使整个空间格外明亮。一部分餐厅面朝 1.5 层高的挑高空间，营造开放感。

A-A 断面图

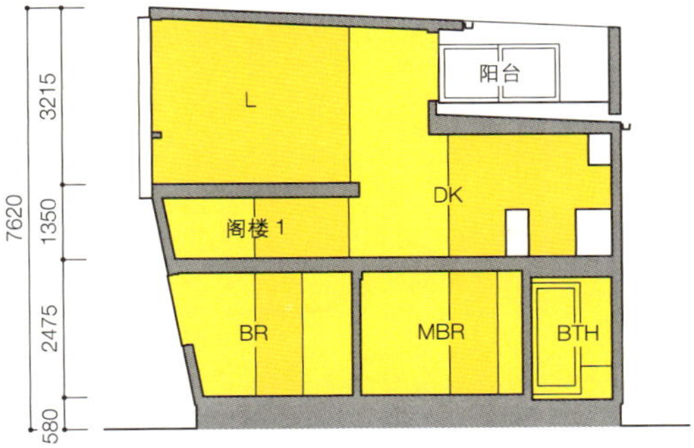

2 层平面图

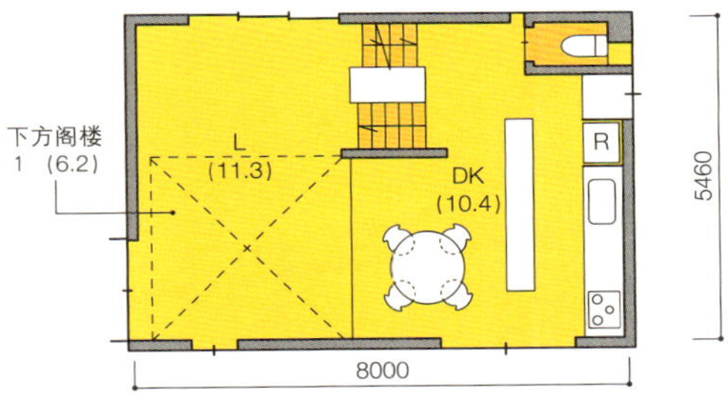

阁楼平面图

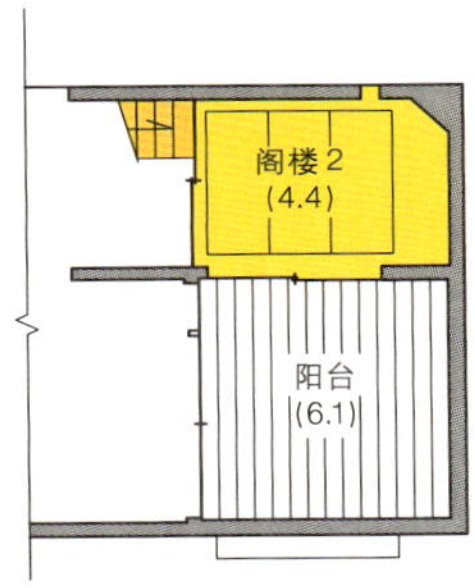

1 层平面图

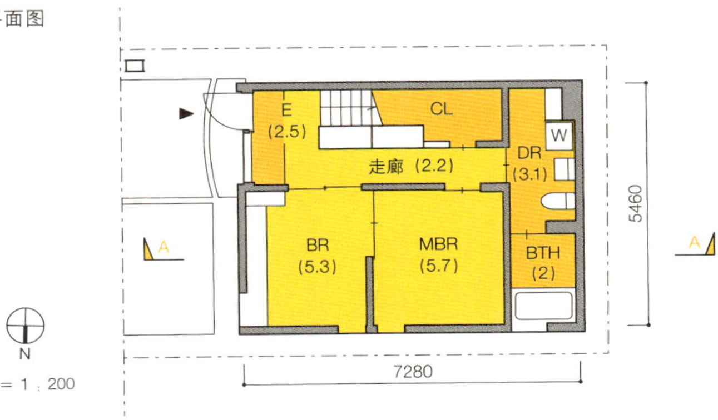

S = 1：200

（ ）内为换算成榻榻米的叠数

浦和 S 邸

所在地 / 埼玉县埼玉市（准防火地区） 家庭组成 / 夫妇 +1 个孩子

规模 /2 层木造结构 占地面积 /73.01m^2（22.1 坪）

建筑面积 /43.68m^2（13.2 坪） 使用面积 /102.42m^2（31 坪）

实例

6

挑高空间采入充足阳光，无须灯光照明

这是一处周围被其他住宅包围的旗杆型用地。为了满足主人“1 层餐厅采光要充足”的要求，我们利用侧面高窗让阳光通过高大的挑高空间照进 1 层，白天不开灯也很明亮。

挑高空间四周有几处小空间可用来休憩，穿梭其中甚至有漫步街头的感觉，完成了这一条令人愉悦的动线。

A-A 断面图

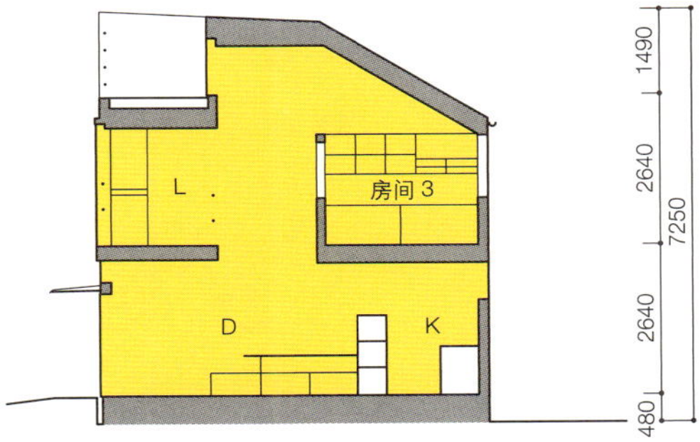

2 层平面图

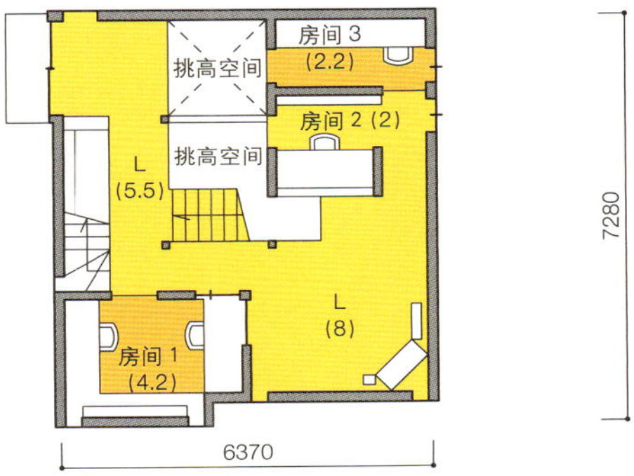

1 层平面图

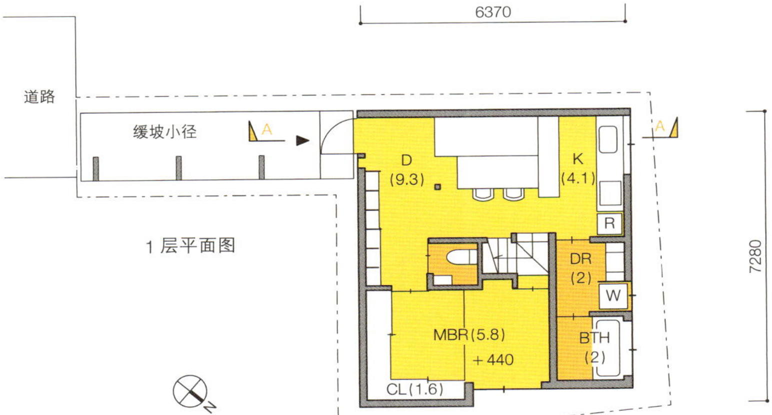

S = 1 : 200

( ) 内为换算成榻榻米的叠数

杉并 B 邸

所在地 / 东京都杉并区（准防火地区） 家庭组成 / 夫妇

规模 /2 层木造结构 占地面积 /80m² (24.2 坪)

建筑面积 /44.55m² (13.5 坪) 使用面积 /86.19m² (26.1 坪)

后　记

我任教于法政大学设计工程部，教授木造住宅的设计。

目前大学建筑系里涉及的“住宅”，不知为什么都着眼于“不走寻常路”的设计，实际操作无非就是画些简单的设计图，或做些模型。不过，有一门叫作“建筑构造法”的课程是关于“未来能够实现的现实住宅设计”。

在以我和木造建筑专家网野祯昭教授为主的教师们的指导下，学生们自己思考结构力学、决定用材尺寸及架构方式，还对隔热及通气问题做了专门设计。不仅画出断面图和部分详图，还画出了框架图和轴组图等所有实际操作中涵盖的图纸。这对于大二的学生来说，可能是地狱般的磨炼吧。

在必修课中，第一个关卡就是格局设计。我们一直认为这可能是最贴近生活的部分，可万万没想到每年都有人止步于此。只要进入某个阶段，就会有人困在“只能用走廊来连接房间”的框框里。

他们的问题出在只考虑了房间使用的便利性和收纳空间，忽略了愉悦性和舒适度。

当我们向这些学生提出“解决功能性的问题，应该先考虑如何打造舒适的居住环境”的建议后，僵硬刻板的设计马上注入了新鲜血液。随后再给出类似本书提及的格局设计“线索”，任督二脉立刻被打通，整个设计有了质的飞跃。

同样的情况也经常发生在现实中关于住宅设计的讨论中。

客户的初衷是希望提高厨房的便利性和扩大收纳空间，可当我们将角度转向空间的趣味性与舒适度之后，他们原本希望的格局被一一打破，各种有意思的创意构思立刻浮现，可能是因为客户突然发现生活的本质而改变了最初的设想。我时常在想，住宅设计就是因瞬间改变而重新开始的。

本书的主题是“格局”，但它与“住宅”或“建筑”的基本问题大致相同。我们会根据用地的周围环境来决定建筑配置，考虑受到限制的建筑物与屋檐的形状、简洁明快的动线和各个生活区域、营造宽敞感的视野最大化、与外部相连的中间区域、让人驻足的自然景观、错落有致的高度，以及采光方案……从微型住宅到大型公共设施，这些都是普遍适用的设计理论。

如果本书中的“方程式”能够成为大家设计过程中的某种“线索”，为建筑物增添一丝魅力，没有比这更令我高兴的事了。

本书由《住宅设计解剖书》的责任编辑藤山和久先生策划，我也是饶有趣味地拜读了那本书。从接到约稿至今的一年半时间里，由于“这样写读者看不懂”的原因，一次次被退稿，自己也很怀疑这本书到底能不能与大家见面。好在最终完稿后，成了一本内容明确、容易阅读的书，万分感谢对编辑工作十分认真的藤山先生。

此外，还要感谢将内文、插画、照片这么多复杂的内容完美结合的寄藤文平先生，能画出赏心悦目插画的鸭井猛先生，以及除了设计与插画草稿之外，还参与部分插画定稿的岨野千代子小姐。当然，最重要的是那些百忙之中为本书出力，在自己的家拍摄照片给我的客户们。在这里，献上我最真挚的感谢。

饭冢 丰

图书在版编目(CIP)数据

住宅设计解剖书. 2 / (日) 饭冢丰著 ; 董方译. -- 海口 : 南海出版公司, 2017.5
ISBN 978-7-5442-8826-2

Ⅰ. ①住… Ⅱ. ①饭… ②董… Ⅲ. ①住宅-建筑设计 Ⅳ. ①TU241

中国版本图书馆CIP数据核字(2017)第050633号

著作权合同登记号 图字: 30-2016-200

住宅设计解剖书2
〔日〕饭冢丰 著
董方 译

出　　版　南海出版公司　(0898)66568511
　　　　　海口市海秀中路51号星华大厦五楼　邮编 570206
发　　行　新经典发行有限公司
　　　　　电话(010)68423599　邮箱 editor@readinglife.com
经　　销　新华书店

责任编辑　崔莲花
特邀编辑　余梦婷
装帧设计　李照祥
内文制作　博远文化

印　　刷　北京天宇万达印刷有限公司
开　　本　787毫米×1092毫米　1/16
印　　张　11.25
字　　数　100千
版　　次　2017年5月第1版
　　　　　2017年5月第1次印刷
书　　号　ISBN 978-7-5442-8826-2
定　　价　45.00元

THE PRINCIPLE OF PLANNING